HUGO EHLERS / HANS FEIST

PHILOSOPHIE
IN
MERKSÄTZEN

I

GESCHICHTE DER PHILOSOPHIE

BERLIN UND LEIPZIG 1933
WALTER DE GRUYTER & CO.
VORMALS G. J. GÖSCHEN'SCHE VERLAGSHANDLUNG / J. GUTTENTAG
VERLAGSBUCHHANDLUNG / GEORG REIMER / KARL J. TRÜBNER
VEIT & COMP.

Archiv-Nr. 42 36 33

Druck von Walter de Gruyter & Co., Berlin W 10

VORWORT

Das vorliegende Kompendium stellt den Versuch dar, auf wenigen Seiten eine Geschichte der Philosophie zu geben. Unsere Zeit bedarf auf philosophischem Gebiet einer Zusammenfassung, um den Reichtum philosophischer Produktion übersichtlich zu gestalten. Das Buch zeigt dem Leser die philosophischen Gedankengänge in historischer und sachlicher Ordnung und wird ihn so anregen, zu den Originalen zu greifen. Der Hegelsche Gedanke, daß die Philosophie eine notwendige Einheit darstellt, wird ihm unmittelbar beim Studium unseres Buches erwachsen und ihm förderliche Hilfe sein, das scheinbar verwirrende Chaos philosophischer Theorien zu überschauen. Bei der Einzeldarstellung eines jeden Philosophen werden immer wieder die ideengeschichtlichen Zusammenhänge aufgezeigt. Überall wird der Leser die große Entwicklungslinie, die sich wie ein roter Faden durch die Geschichte der Philosophie zieht, erkennen.

Die Sprache ist oft grell, überhell — aber das liegt im Wesen eines Extraktes, daß er der Milderung und Auflösung bedarf.

Gerade in dieser Zeit substanzloser Technisierung erwächst dem Buche die Aufgabe, der Philosophie neue Jünger zu werben. Dem Examenskandidaten wird es eine willkommene Hilfe sein. Viel unnötige und unfruchtbare Arbeit wird ihm erspart. In dem grauen Einerlei des Examensstoffes wird ihm hier eine Oase, die er auch noch schätzen wird, wenn von Examen längst nicht mehr die Rede ist.

Berlin, den 1. Mai 1933. **Die Verfasser**

INHALTSVERZEICHNIS

Es ist unwesentlich, an welcher Stelle man die Lektüre des Buches beginnt. Wesentlich ist nur, daß alle im Text enthaltenen Hinweise, Vergleiche und Unterscheidungen beachtet werden.

ERSTER HAUPTTEIL: ALTERTUM

ERSTER TEIL
KLASSISCHE ZEIT

Erster Abschnitt
Vorsokratiker

1. Ionische Naturphilosophen

Thales, aus Milet 625—545. Anaximander, 611—545. Anaximenes, 585—525.

I. Materielle Stoffe sind der Urgrund des Seins

1. Die grundlegende Bedeutung der milesischen Naturphilosophie beruht in der Abwendung von der mythologischen Welterklärung. Die Milesier versuchen begrifflich den Urstoff (ἀρχή) zu erkennen. Das bedeutet den Anfang der Philosophie.
2. Thales leitet aus dem Wasser, Anaximander aus dem Apeiron (unbestimmter unendlicher Urstoff), Anaximenes aus der Luft alle Erscheinungen ab. Durch Verdünnung und Verdichtung entstehen aus dem Grundstoff die übrigen Stoffe.
3. Diesen Standpunkt nennt man Hylozoismus (Stoffbeseelung), da der Materie seelische Fähigkeiten zugeschrieben werden.
4. Falsch ist die Bezeichnung Materialismus für diese Lehre, da auf dieser Stufe der Entwicklung geistiges und körperliches Sein noch als undifferenzierte Einheit betrachtet wird. Auch Demokrit ist noch kein eigentlicher Materialist, da er eine »geistige« Materie annimmt.
5. Die Milesier versuchen, mit diesen Prinzipien nicht nur

eine Erklärung der Natur, sondern der Gesamtwirklichkeit zu geben.

6. Diese ersten metaphysischen Spekulationen gehen aus den griechischen Mythologien über Weltbildung hervor. Derartige Spekulationen sind keineswegs auf die Anfänge der Philosophiegeschichte beschränkt, sondern finden sich vereinzelt in der ganzen Antike und auch in der Renaissancephilosophie wieder.

2. Pythagoreer

Vertreter sind Pythagoras aus Samos (582—507) und Philolaos.

II. Zahlen sind der Urgrund des Seins

1. In der Zahl erkannten die Pythagoreer das Prinzip der Ordnung und Gesetzmäßigkeit alles Seins und Geschehens. Dabei vernachlässigten sie den qualitativen Inhalt.
2. Die moderne Physik versucht in ähnlicher Weise qualitative Bestimmungen durch quantitative Größen auszudrücken, z. B. Wärmequalitäten, Farben, Töne (durch Schwingungszahlen).
3. Im Anschluß an die milesische Spekulation betrachten die Pythagoreer die Welt als aus der Einheit hervorgegangen.
4. Die Zahlenspekulation artet teilweise in Zahlenmystik aus (ungerade Zahlen männliches, gerade weibliches Prinzip, z. B. $3 + 2 = 5$ = Ehe).
5. Plato setzt in seiner Altersphilosophie Ideen mit Zahlen gleich. Erneuert wurde der Pythagoreïsmus in der platonischen Akademie und im Neupythagoreismus.
6. In der Lehre von den Gegensätzen (Gerades—Ungerades; Eines—Vieles; Gutes—Böses) kann man einen Ansatzpunkt für eine Kategorientafel sehen.
7. Bekannt ist ihre Lehre von der Sphärenharmonie. Die Bewegung der in bestimmten Abständen kreisenden Himmelskörper erzeugt eine Harmonie, die wir aber nicht hören können, da wir von Anfang an an sie gewöhnt sind.

III. Die Erlösung der Seele geschieht durch Reinigung vom Materiellen auf dem Wege der Seelenwanderung

1. Die Pythagoreer knüpfen mit dieser asketischen Lehre an die Orphik an. Später findet sich die Lehre bei Empedokles, im Neupythagoreismus und im frühen Christentum.

3. Eleaten und Heraklit

IV. Die neue Frage gilt dem Problem des Seins und Werdens. Die Eleaten betrachten die Welt als unveränderliches Sein

1. Vorläufer der eleatischen Lehre ist Xenophanes (560—470).
2. Hauptvertreter ist Parmenides von Elea (im 5. Jhdt.).
3. Aus dem Begriff des Seins folgern die Eleaten die Ewigkeit der Welt (Ungewordenheit und Unvergänglichkeit) und ihre Unteilbarkeit. »Aus Nichts kann nicht Etwas, aus Etwas nicht Nichts werden.« »Das Seiende ist, das Nicht-Seiende kann nicht gedacht werden.«
4. Die Eleaten stellen damit zum erstenmal das Gesetz von der Erhaltung der Substanz auf, das eine Grundvoraussetzung der Naturwissenschaft darstellt (vgl. Kants synthetische Grundsätze a priori).
5. In der Ideenlehre hat Plato den eleatischen Begriff der Unveränderlichkeit übernommen. Die Neukantianer (Cohen und Natorp) sehen in den Eleaten die ersten Rationalisten, da sie Denken und Sein identifizieren. Auch in Herbarts Lehre von den unveränderlichen »Realen« läßt sich eleatischer Einfluß erkennen.
6. Die unveränderliche Welt des Seins wird streng geschieden von der trügerischen Welt des Scheins, die uns die sinnliche Wahrnehmung zeigt. (Ähnliche Unterscheidungen finden sich bei Plato, Leibniz, Kant, Schopenhauer u. a.)
7. Zeno (490—430), ein Schüler des Parmenides, verteidigt die eleatische Lehre durch seine berühmten zenonischen Beweise gegen

a) die Vielheit der Dinge,

b) die Bewegung.

α) Achilleus und die Schildkröte. Der schnellste Läufer kann die Schildkröte niemals erreichen, wenn diese einen Vorsprung hat. Bevor er die Differenz einholt, muß er die Hälfte der Differenz, vor dieser ein Viertel usw. bis ins Unendliche zurücklegen, so daß die Bewegung niemals stattfinden kann. Die sinnlich wahrgenommene Bewegung ist bloßer Schein.

β) Der fliegende Pfeil ruht. Seine Flugbahn ist eine Summe von Ruhepunkten, da er in jedem Augenblick an einer bestimmten Stelle ruht.

V. Heraklit betrachtet die Welt als ewiges Werden aus Gegensätzen (Dialektik). Symbol und Grundlage des Geschehens ist der Logos (Weltvernunft), der mit dem Feuer identifiziert wird

Heraklit aus Ephesus, 535—475

1. Heraklits Lehre widerspricht damit der eleatischen diametral. Die Welt ist ein fortwährendes Fließen (Πάντα ῥεῖ), z. B. können wir nicht zweimal in denselben Fluß steigen.
2. Diese Lehre kann man als den Keim des metaphysischen Idealismus bezeichnen. Bei Hegel findet sich der Gedanke der sich selbst entwickelnden Weltvernunft wieder.
3. Auch bei Heraklit wird das geistige Sein als feinmateriell angesehen.
4. Während die einzelnen Welterscheinungen in ununterbrochenem Gegensatz und Kampf stehen, bildet das Ganze der Welt eine große Harmonie. (Vgl. Hegel, ferner Giordano Bruno und Leibniz.)

4. Die Naturphilosophen

Vertreter sind Anaxagoras (aus Klazomenae, später in Athen, 500—428). Empedokles (aus Agrigent, 490—430). Demokrit (aus Abdera, 460—360).

VI. Sie verbinden die Lehre vom eleatischen Sein und vom heraklitischen Werden dadurch, daß sie das Seiende in eine Vielheit von unveränderlichen Teilen zerschlagen, in deren Trennung und Mischung das Weltgeschehen besteht

1. a) Anaxagoras nimmt eine unendlich große Zahl von Ur-

stoffen an (Homöomerien, d. h. gleichbleibende Teile, z. B. Fleisch, Wasser).

b) Den Anstoß zur Weltentwicklung gibt der Nus (vernünftige Zweckkraft). Im Gegensatz zur mechanischen Naturerklärung ist diese Lehre ein Ansatz zur Teleologie, deren bedeutendste Vertreter Aristoteles und Leibniz sind. Unter Teleologie versteht man die Lehre von einer zielbestimmten Ordnung in der Natur.

c) Anaxagoras gilt als erster Dualist, da er sowohl materielle als geistige Prinzipien zur Erklärung der Welt aufstellt (vgl. den Dualismus bei Aristoteles und Descartes).

2. a) Empedokles nimmt nur vier Elemente an: Feuer, Wasser, Luft und Erde. Diese Lehre wirkte noch bis ins 19. Jhdt. hinein.

b) Trennung und Mischung der Elemente erklärt er durch Annahme der beiden Weltaffekte Liebe und Haß (φιλία und νεῖκος). Er ist deshalb wie Anaxagoras als Dualist anzusehen.

c) Bei Empedokles findet sich eine der Orphik und dem Pythagoreismus verwandte Erlösungslehre.

3. a) Demokrit nimmt unendlich viele qualitativ gleichartige Atome (unteilbare Einheiten) an, die sich nur durch Lage, Gestalt und Größe unterscheiden (Atomismus). Es gibt für Demokrit keine unendliche Teilung der Materie.

b) Der Atomismus wird in der Antike von Epikur und Lukrez vertreten, in der Renaissancezeit durch Gassendi erneuert und von Boyle in die moderne Chemie eingeführt.

c) Demokrit ist im Gegensatz zu Anaxagoras und Empedokles Monist, da er nur eine Art von Sein annimmt. Allerdings betrachtet er die Seelenatome als feinmateriell.

d) Außer den Atomen existiert noch der leere Raum, in dem diese sich bewegen.

e) An Stelle einer geistigen zwecksetzenden Kraft setzt Demokrit die streng-mechanisch-kausale Notwendigkeit. Er formuliert zum erstenmal das allgemeine Kausalprinzip (vgl. Humes Kritik des Kausalbegriffs und Kants synthet. Grundsätze a priori).

f) Galilei erneuert die von Demokrit begründete mechanische Naturauffassung. Sie steht im Gegensatz zur teleologischorganischen, deren Hauptvertreter Aristoteles und Leibniz sind.

g) Demokrit begründet die Lehre von der Subjektivität der Sinnesqualitäten. Farben, Töne, Gerüche, Schwere und Härte kommen nicht den Dingen selbst zu, sondern sind nur subjektive Empfindungen.

Zweiter Abschnitt

Zeitalter der Sokratik

Um die Mitte des 5. Jahrhunderts beginnt die griechische Aufklärungszeit. Praktische und wirtschaftlich-soziale Probleme treten in den Vordergrund. Die alte metaphysische Spekulation wird zurückgedrängt.

A. Die Sophisten

I. An die Stelle der Spekulation tritt die Rhetorik als Kunst der Überredung. Die Sophisten sind vor allem als praktische Lehrer und Erzieher der Jugend anzusehen

1. Hauptvertreter sind Protagoras (480—410, aus Abdera) und Gorgias (480—370, aus Leontini).
2. Protagoras wird der relativistische Satz zugeschrieben: der Mensch ist das Maß aller Dinge (Homo-mensura-Satz). (So wird lauwarmes Wasser als kalt empfunden, wenn wir vorher heißes berührt haben, und umgekehrt.)
3. Von Gorgias stammt der nihilistische Satz: Es ist nichts; wenn etwas wäre, könnte es nicht erkannt werden; könnte es erkannt werden, so wäre es nicht mitteilbar.

   (Dieser Satz hat sich als bloße Parodie auf ein eleatisches Lehrgedicht erwiesen.)
4. Den Sophisten wird auch ethischer Relativismus zugeschrieben. Nietzsche beruft sich auf sie, wenn er gut und böse als willkürliche Setzungen erklärt und im Gegensatz zu seiner Herrenmoral die herrschende Moral als Schutz der Schwachen erklärt.

5. Der Charakter der sophistischen Lehren ist seit jeher stark umstritten. Unsere Kenntnis der Sophisten beruht wesentlich auf Berichten ihrer Gegner (Plato—Aristoteles).

B. Sokrates

Leben: * 469 in Athen; ursprünglich Bildhauer; wegen Gottlosigkeit und Verführung der Jugend angeklagt wird er 399 zum Tode verurteilt.

Als Quellen für Sokrates dienen: a) Xenophon, b) Plato, c) Aristoteles.

Die Schriften Platos führen jedoch unter dem Namen des Sokrates teilweise platonische Lehren ein.

Die sokratische Lehre löst die sophistischen Schulen ab, indem sie vom rein Praktischen zur ethischen Fragestellung überleitet und somit die Ethik als wissenschaftliche Disziplin begründet.

I. Tugend ist lehrbar

1. Diese Auffassung bezeichnet man als ethischen Intellektualismus. Die Kyniker und Stoiker sowie die Kyrenaïker und Epikureer vertreten dieselbe Ansicht.
2. Niemand handelt wissentlich böse. Damit ist gesagt, daß durch Einsicht in die wahren Werte des Lebens das richtige ethische Handeln bestimmt ist.
3. Wesentlich ist der sokratische Begriff der Autonomie und Autarkie des sittlichen Lebens. Danach ist das sittliche Leben unabhängig von allen äußeren Glücksgütern.

II. Die Lehre von der Definition und Induktion wird Sokrates zugeschrieben

1. Sokrates hat danach durch seine Methode der Ironie und der Mäeutik (»Hebammenkunst«) aus seinen Mitunterrednern Begriffsbestimmungen herauszulocken versucht, indem er vom Einzelnen des täglichen Lebens ausging (z. B. was ist Tapferkeit, Gerechtigkeit).

2. Die neuere Forschung betrachtet im Gegensatz dazu erst Plato als Schöpfer dieser Lehre und sieht in Sokrates einen reinen Ethiker. (Heinrich Maier.)

C. Die sokratischen Schulen

Die sokratischen Schulen sind die kynische (Gründer: Antisthenes, 444—368), die kyrenaische (Gründer: Aristipp von Cyrene, 435—355), die megarische (Gründer: Euklid von Megara).

Sie beschäftigen sich vorzugsweise mit ethischen Problemen (Frage nach dem höchsten Gut).

1. Kyniker

I. Die Freiheit von Affekten ist höchstes Gut (Apathie). Affekte sind unvernünftige Seelenregungen

1. Im Vordergrund der kynischen Ethik steht die Lehre von der Autarkie des sittlichen Lebens. Die Tugend ist das Glück. Sie besteht in der Unabhängigkeit vom Triebleben (Bedürfnislosigkeit). Auch die konventionelle Moral wird radikal verworfen.
2. Im Gegensatz zu den Pythagoreern verwirft diese Askese nicht die Begehrungen selbst, sondern nur die Abhängigkeit von ihnen. (Eine bekannte kulturgeschichtliche Erscheinung ist Diogenes.)
3. Die Lehre der Kyniker setzt sich in der Stoa fort.

II. Es existieren nur Individualobjekte und keine Allgemeinbegriffe

1. Diesen Standpunkt nennt man Nominalismus, da er Begriffe für bloße Namen (nomina) erklärt.
2. Damit wendet sich Antisthenes gegen Platos Ideenlehre, die er scharf bekämpft. (Es gibt nur einzelne Pferde, aber keine Pferdheit, d. h. den Begriff Pferd.)
3. Die Kyniker sind Materialisten. Ihr Materialismus ist durch ihren Nominalismus bedingt.

4. Der Nominalismus findet weiteste Verbreitung
a) in der Stoa,
b) im Mittelalter (Roscellin, Occam),
c) im englischen Empirismus (Locke, Berkeley, Hume),
d) auch in der gegenwärtigen Philosophie.

2. Kyrenaïker

I. Die Lust ist höchstes Gut. Zum höchsten Gut gelangen wir durch die Tugend, die in der richtigen Abmessung der Lüste besteht

1. Begründer ist Aristipp von Cyrene (435—355).
2. Die Kyrenaïker stehen im Gegensatz zu den Kynikern, die die Lust als ethisches Ziel verwerfen.
3. Diese ethische Lehre wird als Hedonismus (ἡδονή = Vergnügen) bezeichnet.
4. Weitere Kyrenaïker sind Theodorus der Atheist, Hegesias der Pessimist (der das Lebensziel in der Freiheit von Schmerz sieht) und Annikeris (der die sozialen Lustgefühle betont).

Die kyrenaïsche Schule setzt sich später in der epikureischen fort.

3. Megariker

I. Die eleatische Einheit des Seins wird mit der sokratischen Lehre vom Guten verbunden

1. Von den Megarikern stammen die bekannten Trug- und Fangschlüsse, nach denen sie Eristiker (Streithähne) genannt wurden. Beispiele:
a) Der Kreter. Wenn ein Lügner (Kreter) sagt, daß er lügt, so lügt er und sagt zugleich die Wahrheit.
b) Der Kornhaufen. Ein Korn macht noch keinen Kornhaufen aus, zwei auch nicht. Wann beginnt der Haufen? Ähnlich der »Kahlkopf«.
c) Der Gehörnte. Was du nicht verloren hast, hast du noch. Hörner hast du nicht verloren, also hast du Hörner.
d) Elektra (der Verhüllte). Elektra kennt ihren Bruder Orest. Den vor ihr stehenden verhüllten Orest kennt sie nicht. Also kennt sie zugleich, was sie nicht kennt.

D. Plato

Der Platonismus ist das erste umfassende metaphysische System des Altertums. Zugleich ist Plato der Schöpfer des Idealismus.

Leben: * 427 in Athen. Plato stammt aus aristokratischem Geschlecht und war Schüler des Sokrates. Nach dessen Hinrichtung (399) verläßt er Athen und begibt sich nach Megara und Sizilien, wo er mit der pythagoreïschen Philosophie bekannt wird. Nach seiner Rückkehr gründet er in Athen die Akademie. Seine Lehrtätigkeit wird durch Reisen nach Syrakus an den Hof des Dionysios und Dion unterbrochen, wo er versucht, sein Staatsideal in die Wirklichkeit umzusetzen. † 347.

Werke a) Frühzeit: Apologie (Verteidigungsrede für Sokrates), Kriton, Laches, Lysis, Protagoras, Gorgias (Antisophistische Tendenzschriften).

b) Reifezeit: Meno (erste Ansätze zur Ideenlehre), Politeia (10 Bücher, umfassende Darstellung der Ideenlehre, Ethik und Staatsphilosophie. Das 7. Buch enthält das berühmte Höhlengleichnis), Phädrus (Lehre vom Schönen), Phädon (Unsterblichkeitsbeweise), Symposion (Gastmahl, Dialoge über den Eros), Parmenides.

c) Spätzeit: Sophistes, Politikos, Philebos (Ethik), Leges (Staatsphilosophie der Alterszeit), Timaios (Naturphilosophie).

Die ersten Schriften zeigen Plato noch in Abhängigkeit von seinem Lehrer Sokrates. Erst von Meno an können wir von einer platonischen Philosophie im eigentlichen Sinne sprechen.

I. Das eigentlich Seiende sind die Ideen (hypostasierte Allgemeinbegriffe). Die Ideen bilden ein Stufenreich. Die oberste Idee ist die Idee des Guten. Alle Erscheinungen sind nur soweit wirklich, als sie Anteil an den Ideen haben

1. Unter hypostasierten Allgemeinbegriffen sind solche Begriffe zu verstehen, die nicht nur im Subjekt (Ver-

stand, Bewußtsein) existieren, sondern denen ein (substantielles) Sein an sich zukommt. Ideen sind substanzartige Wesenheiten. Der Begriff Pferd z. B. hat unabhängig von den einzelnen Individuen Pferd reale Existenz. Man nennt diesen Standpunkt logischen Realismus.

Demgegenüber vertritt der Nominalismus die Ansicht, daß Allgemeinbegriffe bloße Namen (nomina) seien, denen außerhalb des Bewußtseins keine Existenz zukomme.

2. Plato ist durch seine Ideenlehre der klassische Vertreter des metaphysischen Idealismus.

Einen ersten Ansatz finden wir in Heraklits Lehre vom Logos. Der Neuplatonismus sucht den platonischen Idealismus monistisch umzugestalten.

In der Neuzeit vertritt Leibniz mit seiner Monadenlehre eine andere Form des metaphysischen Idealismus. Gleichzeitig sucht Berkeley diesen vom Empirismus aus zu begründen.

Der kantische (transzendentale) Idealismus ist trotz stärkster Beziehungen nicht ohne weiteres in diesen Zusammenhang einzureihen, dagegen setzt die deutsche idealistische Spekulation (Fichte, Schelling, Hegel) die Linie des metaphysischen Idealismus fort.

3. In nur scheinbarem Widerspruch stehen Begriffsrealismus und metaphysischer Idealismus. Die Realität der Ideen ermöglicht erst den metaphysischen Idealismus.

4. Gründe für die Ideenlehre sind:

a) erkenntnistheoretisch. Der Gegenstand der Erkenntnis muß unveränderlich sein und kann daher nicht der wandelbaren Erscheinungswelt angehören (s. Eleaten);

b) methodologisch. Ordnung und Einheit wird nur gewährleistet durch ideelle Einheit des Gegenstandes (vgl. Kants transzendentale Einheit der Apperzeption);

c) naturphilosophisch-genetisch. Zur Erklärung der Natur ist die Annahme zwecksetzender Prinzipien erforderlich.

5. Plato nennt die Lehre von den Ideen Dialektik. Dieser Begriff wird in der Geschichte der Philosophie in verschiedener Bedeutung verwendet. Die Sophisten ver-

stehen darunter die Kunst der Unterredung. Bei Kant ist Dialektik die Lehre von den Widersprüchen, in die sich die Vernunft verwickelt (s. Antinomien). Da bei Hegel Vernunft und Wirklichkeit zusammenfallen, bedeutet bei ihm Dialektik Gegensätze der Wirklichkeit überhaupt. Marx wendet den Begriff der Dialektik auf das Gebiet der wirtschaftlichen Produktionsverhältnisse an.

6. Die unterste Stufe der Erkenntnis ist die sinnliche Wahrnehmung (αἴσθησις). Die eigentliche Erkenntnis der bleibenden Objekte ist die Wissenschaft (ἐπιστήμη). Dazwischen liegt die Meinung (δόξα).
7. Eine besondere Schwierigkeit des platonischen Systems liegt in der Bestimmung des Verhältnisses von Idee und Einzelobjekt. Aristoteles bekämpft die platonische Trennung von Idee und Einzelding.
8. Die Marburger Schule interpretiert die platonische Philosophie methodisch-idealistisch, indem sie in den Ideen Gesetzmäßigkeiten sieht, denen kein metaphysisches, sondern nur ein logisches Sein (Gelten) zukommt.

II. Die Seele ist präexistent. Aus der Präexistenz folgt die Fähigkeit der Wiedererinnerung (Anamnesis) früher geschauter Ideen

1. Die Lehre, die hier zum erstenmal in der Geschichte der Philosophie auftritt, bezeichnet man als Apriorismus (a priori parte = von vornherein, ursprünglich im logischen Sinne, bedeutet eine Erkenntnisart unabhängig von und vor aller Erfahrung; sie wird erst ausgelöst an der Erfahrung). Die apriorischen Erkenntnisse lassen sich mit einem Vermögen vergleichen, das keines weiteren Einkommens bedarf. Empirische (Erfahrungs-) Erkenntnisse lassen sich mit einem beständigen Einkommen vergleichen, das erst mit der Zeit zu einem Vermögen anwächst.
2. Spätere Vertreter dieses Apriorismus sind: Descartes, Spinoza, Leibniz, Hobbes und (mit Einschränkungen) Kant. Weiter Fichte, Hegel u. a.
3. An dem Beispiel der Mathematik demonstriert Plato das Vorhandensein apriorischer Wahrheiten; z. B. lassen sich

alle Sätze über das Dreieck a priori beweisen, weil in der Anschauung des Dreiecks die Merkmale bereits enthalten sind.

4. Die ersten Ausführungen über Apriorismus finden sich im »Meno«.

III. Zu unterscheiden sind der begehrende, der mutartige und der vernünftige Seelenteil (ἐπιθυμητικόν, θυμοειδές, λογιστικόν)

1. Jedem Seelenteil entspricht eine Tugend (Ethik) und ein Stand (Staatsphilosophie).
   Vernünftiger Seelenteil: Weisheit — Philosophen.
   Mutartiger Seelenteil: Tapferkeit — Krieger oder Wächter.
   Begehrender Seelenteil: Mäßigkeit — Ackerbau- und Gewerbetreibende.
2. Wolff unterscheidet einen begehrenden und einen erkennenden Seelenteil.

IV. Die Seele ist unsterblich, da sie den Ideen verwandt ist. Sie ist wie diese einfach und somit unzerstörbar

1. Plato führt verschiedene Beweise für die Unsterblichkeit an. Nach Analogie des fortwährenden Wechsels von Sommer und Winter, Tag und Nacht wird auch der Wechsel von Leben und Tod und Tod und Leben gefolgert.
2. Im 18. Jahrhundert versuchen die Rationalisten (Wolff) rein deduktiv aus dem Begriff der Seele ihre Unsterblichkeit zu folgern.
3. Aristoteles stellt den kosmologischen, Anselm von Canterbury den ontologischen Gottesbeweis auf.

V. Im Idealstaat gibt es drei Stände entsprechend den Seelenteilen: Philosophen, Krieger, Ackerbau- und Gewerbetreibende. (Staatsphilosophie)

1. Die Staatsverfassung ist kommunistisch (Güter- und Weibergemeinschaft).
2. Der herrschende Stand ist der der Philosophen. Ihnen fällt die Gesetzgebung und Erziehung zu. Sie sind dazu

berufen, die von Regierungsgeschäften freie Zeit zur Schau der Ideen zu verwenden.

»Nicht eher wird ein Aufhören der Übel in den Staaten, ja beim Menschengeschlecht überhaupt eintreten, ehe die Philosophen Könige werden oder die Könige wahrhaft philosophieren.« (Vgl. Kants Staatsphilosophie.)

3. Bei richtiger Verteilung der Pflichten ist die vollkommene Gerechtigkeit gewährleistet (δικαιοσύνη).
4. In der Renaissance findet auch staatsphilosophisch eine Anknüpfung an Plato statt. Thomas Morus (Utopia) und Campanella (Sonnenstaat) sind hier zu nennen.

Altersphilosophie

I. In der Naturphilosophie wird die Ideenlehre abgeschwächt; pythagoreïsche Lehren werden aufgenommen

Der reine Idealismus wird von Plato nicht in voller Schärfe festgehalten. Er sieht sich genötigt, neben den Ideen eine Art Materie als Aufnahmematerial für die Ideen anzunehmen.

II. In der Staatsphilosophie wird das kommunistische Ideal preisgegeben

E. Aristoteles

Aristoteles ist Begründer der Logik und Psychologie.

Leben: * 384 in Stagira, Schüler des Plato und Erzieher Alexanders des Großen. Er begründet die peripatetische Schule, die neben der Philosophie besonders die Naturwissenschaften pflegt. † 323 in Euböa.

Im Gegensatz zu dem spekulativen und dichterischen Plato stellt Aristoteles den Typus des nüchternen empirischen Naturwissenschafters dar.

Werke: Die Werke des Aristoteles sind uns nur durch Sammlungen späterer Herausgeber zugänglich. Sie werden eingeteilt in

a) die logischen Schriften (Organon) (Kategorienlehre, de interpretatione, die beiden Analytiken, Topik und Sophistik);

b) naturwissenschaftliche Werke (Physik, Über den Himmel, Über die Seele, Große Tiergeschichte);
c) die metaphysischen Schriften;
d) Nikomachische Ethik.

Die Bezeichnung Metaphysik erklärt sich aus dem äußerlichen Umstand, daß die Schriften über die Grundfragen des Seienden von dem Herausgeber hinter die physikalischen Schriften gestellt wurden (τὰ μετὰ τὰ φυσικά).

I. Die Wissenschaften werden eingeteilt in a) Logik (vorbereitende Wissenschaft), b) erste Philosophie (Metaphysik), c) zweite Philosophie (Naturwissenschaften und Psychologie)

Andere Einteilungen der Philosophie finden sich in der platonischen Schule, bei den Stoikern und Epikureern, in der neueren Philosophie bei Wolff. Die aristotelische Einteilung behielt Gültigkeit bis in die neuere Philosophie.

II. Die aristotelische Logik entsteht im Kampf gegen sophistische Skepsis. Ihre Elemente: Begriff, Urteil, Schluß, Definition, Beweis sind zu festen Bestandteilen der Logik überhaupt geworden

1. Besondere Beachtung findet bei Aristoteles der deduktive Schluß (Syllogismus), von dem drei Hauptarten unterschieden werden. Im Syllogismus wird von allgemeinen Sätzen auf besondere geschlossen. Entscheidend für die Klassifizierung ist die Stellung des Mittelbegriffs. Unter Mittelbegriff versteht man den beiden Prämissen (Ober- und Untersatz) gemeinsamen Begriff, der im Schlußsatz nicht wiederkehrt.

		Schema
Beispiel:	Alle Menschen sind sterblich (Obersatz)	M — P
	Caius ist ein Mensch (Untersatz)	S — M
	Caius ist sterblich (Schlußsatz)	S — P

Mensch ist Mittelbegriff.

2. Durch Kants transzendentale Logik (im Gegensatz zur rein formalen) sowie durch die englischen und deutschen Schulen des 19. Jahrhunderts wurden die aristotelischen

Auffassungen über die Gesetze der Logik geändert (Jevons, Mill, Hamilton, Sigwart).

3. Baco versucht in seinem »Novum Organon« die aristotelische Logik zu stürzen. Er wirft Aristoteles vor, die Induktion vernachlässigt zu haben.

III. Das Sein wird nach vier Gesichtspunkten eingeteilt

1. Die kategoriale Seinsverschiedenheit. Sein als Substanz, Quantität, Qualität, Relation, Ort, Zeit, Lage, Zustand, Tätigkeit, Leiden.
   Damit stellt Aristoteles die erste Kategorientafel auf. (Vgl. Kants Kategorientafel.)
2. Unterscheidung von An-sich-Sein und Zufällig-Zukommen.
3. Unterscheidung von potentiellem und aktuellem Sein. Z. B. ist die Raupe ein potentieller Schmetterling.
4. Unterscheidung von Wahrsein und Wirklich-Sein.
   Im Zusammenhang mit dieser Unterscheidung steht die aristotelische Erkenntnistheorie, der Abbildrealismus. »Wahr ist ein Urteil, wenn es einem zusammen oder getrennt Seienden entspricht, es abbildet.« Der Abbildrealismus steht im Gegensatz zum naiven Realismus (der behauptet, daß wir die Dinge an sich in der Erkenntnis unmittelbar erfassen) und zum Idealismus, der das Vorhandensein von Dingen an sich überhaupt leugnet.

IV. Das Naturgeschehen erklärt sich durch Einwirkung zwecksetzender begrifflicher Kräfte (Morphe, Eidos) auf eine ungestaltete, gestaltungsfähige Materie (Teleologie)

1. Aristoteles geht auf den Begriff der platonischen Idee zurück, der von ihm naturphilosophisch fruchtbar gemacht wird, indem er die Ideen für Naturkräfte erklärt (Dynamismus).
2. Eine solche Betrachtungsweise, die eine Welterklärung aus zwei Prinzipien versucht, nennen wir dualistisch.
   Vor Aristoteles führt bereits Anaxagoras durch den Nusbegriff (Vernunft) den Dualismus in die Philosophie ein. In der Neuzeit ist Descartes durch seine Trennung von

Körper und Geist wirksamer Vertreter des Dualismus gewesen.

3. Die in einem Einzelding zur Verwirklichung gebrachte Zweckidee nennt Aristoteles Entelechie (ἐν τέλος ἔχειν = in sich einen Zweck haben).
4. Eigentlich sind nicht nur zwei, sondern vier Prinzipien (Ursachen) des Werdens zu unterscheiden.
a) der erste Beweger (Gott, actus purus, πρῶτον κινοῦν),
b) Wesen (τὸ τι ἦν εἶναι),
c) Zweckursache (οὗ ἕνεκα),
d) Materie (ὕλη).
5. Die Materie ist das »principium individuationis«. Sie trägt die Schuld daran, daß die Formen in den Einzeldingen nicht rein verwirklicht werden.
6. Aristoteles bekämpft die platonische Trennung (χωρισμός) von Idee (Dingbegriff) und Einzelding und verlegt die Ideen in die Einzeldinge.
7. Im Gegensatz zu Demokrits mechanischer Naturerkenntnis sprechen wir bei Aristoteles von einer teleologischen oder organischen Naturauffassung, die bei ihm nach Anaxagoras erstmalig auftritt.
8. Durch seine Teleologie und die Betonung der sinnvollen Ordnung der Wirklichkeit wurde Aristoteles der Philosoph des Christentums im Mittelalter. Auch die Anerkennung der Materie und der darin zum Ausdruck kommende gemäßigt-dualistische Standpunkt machten ihn dazu geeignet. Seine Metaphysik wird theoretische Grundlage der christlichen Weltanschauung; seine Logik wird von der Scholastik ausgestaltet (Formalismus).
9. In der neueren Philosophie wird die aristotelische Teleologie von Leibniz erneuert. In der Gegenwart vertreten die Neovitalisten (Driesch) mit ihrer Annahme von Psychoiden einen ähnlichen Standpunkt.

V. Gott ist reine Form, die frei von aller Materie den Anstoß zum Weltgeschehen gibt (Theologie)

1. Eine ähnliche Rolle wie dieses Prinzip spielt der Nus (Vernunftbegriff) bei Anaxagoras.

2. Die Annahme eines transzendenten (jenseits der Welt liegenden) Gottes und die einer reinen Form steht im Widerspruch zum aristotelischen System.

VI. Die „Zweite Philosophie" behandelt die positiven Wissenschaften (Physik, Zoologie, Biologie, Psychologie)

1. Aristoteles wird neben Leibniz und Wundt als größter Polyhistor bezeichnet.
2. Die Seele ist Formkraft (Entelechie) des Körpers.
3. Aristoteles unterscheidet vegetative (Pflanzen), tierische und vernünftige Seele.
4. Während die vorariststotelische Philosophie die Seele als feine Materie betrachtet (Heraklit, Demokrit), sieht Aristoteles in ihr eine den Körper gestaltende Kraft. Diese dynamische Seelenauffassung steht im Gegensatz zur substantialistischen bei Descartes.

VII. Die Ethik bedeutet keinen Fortschritt. Unterschieden werden ethische und dianoëtische Tugenden

1. Ethische Tugenden sind Tapferkeit, Mäßigkeit, Gerechtigkeit usw. Dianoëtische Tugenden sind Wissenschaft, Kunst, sittliche Einsicht. Dianoetische Tugenden werden den ethischen vorgezogen. Darin spricht sich der aristotelische Intellektualismus aus.
   Die Tätigkeit Gottes besteht in der reinen Anschauung der Welt.
2. Auf anderem Gebiet bekämpft Aristoteles den Intellektualismus der sokratischen Schulen, der die Tugend als ein Wissen betrachtet. Im Gegensatz dazu ist die Tugend eine durch Übung zu erwerbende Gewohnheit (ἕξις); sie ist nicht lehrbar.
3. Wesentlich ist die Definition der Tugend als der Mitte zwischen zwei Extremen; z. B. liegt die Tapferkeit in der Mitte zwischen Tollkühnheit und Feigheit.
4. Die Tugenden sind nach Geschlecht, Stand, Beruf, Volk verschieden, Aristoteles steht damit im Gegensatz zur Kynik, nach der die Tugend nur eine ist.

5. Oberstes ethisches Ziel ist Glückseligkeit (εὐδαιμονία). Die Selbständigkeit des Sittlichen ist aufgegeben (im Gegensatz zur Kynik). Entwicklung zur vollen Reife setzt voraus Gesundheit, Wohlhabenheit, Schönheit, Leben mit andern im Staate.

ZWEITER TEIL

NACHKLASSISCHE ZEIT

Erster Abschnitt

Hellenistische Philosophie

Mit der Epigonenzeit, die keine neuen originalen Gedanken hervorbringt, tritt die metaphysische Spekulation wieder zurück. Metaphysik ist nicht mehr Selbstzweck, sondern wird als theoretischer Unterbau in den Dienst ethischer und später religiöser Systeme gestellt.

Die Frage nach dem höchsten Gut steht im Mittelpunkt.

1. Stoiker

I. Die Stoa knüpft an die kynische Schule an. Auch für sie ist Tugend höchstes Gut. Im Unterschied von der Kynik beschäftigt sie sich auch mit logischen und metaphysischen Problemen

1. Zeno von Kittion (336—264) begründet die stoische Schule. Kleanthes und Chrysipp sind die ihm folgenden Schulhäupter. (Ältere Stoa.)
2. Die mittlere Stoa (Panätius [180—110] und Posidonius [130—50]) nimmt eklektisch platonische und aristotelische Elemente in das System auf.
3. Die spätere Stoa (Seneca [3—65 n. Chr.], Epiktet [† 120 n. Chr.]) ist ausschließlich ethisch orientiert. Ihre Bedeutung liegt auf kulturgeschichtlichem Gebiete.

4. Die Lehre von der sittlichen Autarkie, das Ziel der Apathie (Freiheit von Affekten) Lehrbarkeit der Tugend, finden sich in der Stoa wieder. Ideal ist wie bei den Epikureern der »einsame Weise« (ethischer Individualismus). Gegenüber der Kynik erscheint der ethische Standpunkt der Stoa gereift und gemildert.
5. Das einzige Gut ist die Tugend. Alles andere sind »Adiaphora«, indifferente Dinge z. B. Gesundheit, Reichtum, Stärke usw.
6. Lust ist falsche Schätzung gegenwärtiger, Begierde künftiger Güter. Kummer und Furcht sind falsche Schätzungen gegenwärtiger bzw. künftiger Übel (Intellektualismus).
7. Zu dem individualistischen Ideal tritt in der Stoa die sozial-ethische Forderung der allgemeinen Menschenliebe, die zum Kosmopolitismus führt. Hierin zeigt sich eine Verwandtschaft mit dem Christentum.

II. Die Philosophie wird eingeteilt in Logik, Physik und Ethik

1. Unter Physik wird nicht nur der heute mit diesem Namen bezeichnete Wissensbereich verstanden, sondern auch Metaphysik, Psychologie und Theologie.
2. Eigentliches Ziel ist die Ethik. Die übrigen Disziplinen sind theoretischer Unterbau.
3. Obwohl die Stoa den kynischen Nominalismus und Sensualismus übernimmt, findet sich bei ihr die rationalistische Lehre von den angeborenen Ideen (κοιναὶ ἔννοιαι, Gedankenkeime).

III. Ihre Metaphysik ist beeinflußt durch die Logoslehre des Heraklit (idealistisch) und den Materialismus der Kyniker

1. Durch die Vereinigung materialistischer und idealistischer Elemente entstehen unhaltbare Widersprüche.
2. Aus der aristotelischen Trennung von Kraft und Stoff wird bei den Stoikern die räumliche einer leichten (kraftartigen) und einer schweren (irdischen) Materie. So gelangen sie zu einer monistischen Weltauffassung.

3. Berühmt ist ihre Lehre von der periodisch wiederkehrenden Weltverbrennung (Ekpyrosis) sowie der ewigen Wiederkehr aller Dinge (vgl. Nietzsche).

2. Epikureer

Die Epikureer knüpfen an die kyrenäische Schule an.

I. Die Lust ist höchstes Gut. Die Epikureer verwerfen jedoch wie die Kyniker die Abhängigkeit von den Begierden

1. Vertreter sind Epikur von Samos (341—270) und der römische Dichter Lukrez (97—55, Lehrgedicht: De rerum natura).
2. Die Beziehung zur Sokratik ist unverkennbar, da trotz Betonung des Lustmomentes die innere Freiheit zur Erreichung des höchsten Gutes entscheidend ist.
3. In scharfem Gegensatz steht Epikur zur stoischen Ethik. Auf höherer Stufe kehrt der Gegensatz Kyrenaiker—Kyniker wieder.
4. Zu unterscheiden sind die Lust in der Bewegung (Lust des Augenblicks) und die Lust in der Ruhe (bleibende Lust). Die letztere ist vorzuziehen. Lüste, die Schmerzen im Gefolge haben, sind zu verwerfen.
5. Es gibt drei Klassen von Begehrungen: a) natürliche und notwendige, z. B. Hunger b) natürliche und nicht notwendige (Luxusspeisen) c) weder natürliche noch notwendige (die von Epikur verworfen werden).
6. Die Einteilung der Wissenschaften gleicht der der Kyniker (die Logik wird Kanonik genannt).

II. In der Metaphysik wird die Atomistik Demokrits übernommen

1. Im Gegensatz zu Demokrit nehmen die Epikureer als Urzustand nicht den Wirbel der Atome, sondern den freien Fall an (»Landregen der Atome«) (veranlaßt durch die Entdeckung der Schwerkraft). Durch willkürliche Ab-

weichung von der senkrechten Linie ballen sich die Atome zusammen (metaphysischer Zufall). So kommt es zur Weltbildung.

2. Im Widerspruch zu den metaphysischen Grundlagen des Systems behaupten sie die Freiheit des Willens. Zur Erreichung des ethischen Zieles erscheint ihnen diese Annahme notwendig.
3. Die Annahme von Atomen scheint Epikur am geeignetsten, die den Menschen beunruhigenden religiösen Jenseitsvorstellungen und die Furcht vor dem Tode zu zerstören (»Wenn wir sind, ist der Tod nicht; wenn der Tod ist, sind wir nicht«).
4. Eine eigenartige Stellung nehmen die Götter ein, die ethische Idealbilder sind, aber nicht in den Weltprozeß eingreifen. Sie werden als »zwischen den Welten« wohnend gedacht.
5. Gassendi (1592—1655) erneuert, durch Lukrez angeregt, die Atomistik und macht sie für die moderne Naturwissenschaft fruchtbar. Boyle führt den Atombegriff in die Chemie ein und wird dadurch ihr systematischer Begründer. Giordano Bruno ist von Lukrez beeinflußt.

3. Skeptiker

I. Die Skeptiker leugnen ein objektives Kriterium für die Wahrheit unserer Vorstellungen. Aus dem Verzicht auf Erkenntnis folgt das ethische Ideal der Ataraxie (seelische Unerschütterlichkeit)

1. Vertreter sind Pyrrho von Elis (360—270) und Timon.
2. Die Skeptiker gehen wie Aristoteles davon aus, daß uns die Wirklichkeit nur indirekt durch subjektive Wahrnehmungsbilder zugänglich ist (Abbildrealismus).
3. Sie sehen ihre Aufgabe darin, ein Kriterium dafür zu suchen, daß die Vorstellungen Abbilder einer Wirklichkeit an sich sind. Es ist z. B. festzustellen, ob die Vorstellung des Baumes mit dem an sich wirklichen Baum übereinstimmt.

Die Skeptiker bestreiten im Gegensatz zu den Stoikern und Epikureern die Möglichkeit eines solchen Kriteriums. Daraus folgt die Urteilsenthaltung (Epoche, Aphasia).

4. Bereits in der Sophistik finden sich vereinzelt skeptische Strömungen. Die Schulskepsis sucht jedoch systematisch die Unmöglichkeit aller Erkenntnis zu begründen.

5. Die sogenannte mittlere Akademie (Arkesilaos [316—240] und Karneades [214—128]) mildert die radikale pyrrhonische Skepsis. Sie bestreitet zwar auch objektive Kriterien, sucht jedoch subjektive, subsidiäre Kriterien aufzustellen. Dadurch ist zwar keine absolute Gewißheit, aber ein Grad von Wahrscheinlichkeit gewährleistet (Probabilismus).

Die mittlere Akademie unterscheidet z. B. folgende Grade der Wahrscheinlichkeit: a) isolierte Vorstellung — b) Vorstellung, die nicht im Widerspruch zu anderen steht — c) Vorstellung, die von anderen bestätigt wird.

6. Im Ausgang der antiken Philosophie stellt Aenesidemos (etwa 50 v. Chr. skeptische »Tropen« auf, d. h. Gründe zum skeptischen Zweifel. In diesem Zusammenhang ist auch Sextus Empiricus (um 200 n. Chr.) als Sammler solcher Lehrmeinungen zu nennen.

4. Eklektiker

I. Die Eklektiker stellen ihr Weltbild aus den Doktrinen der nebeneinander existierenden großen Schulen (Akademie, peripatetische, stoische und epikureïsche Schule) zusammen, indem sie Gemeinsames betonen und Gegensätze der Lehrmeinungen abschleifen.

1. Typischer Vertreter ist Cicero (106—43), dessen Bedeutung in der Schaffung einer philosophischen Terminologie sowie der Vermittlung griechischer Quellen besteht.
2. Durch Cicero ist die Lehre von den angeborenen Ideen dem Mittelalter überliefert worden.

Zweiter Abschnitt

Römische Kaiserzeit

1. Neuplatonismus

Im Neuplatonismus schafft der antike Geist noch einmal ein System, das in seinen Wirkungen bis in die Gegenwart reicht.

I. Der Platonismus wird monistisch fortgebildet. Die Wirklichkeit ist ein Stufenreich von Vollkommenheiten

1. Philo von Alexandria (20 v. Chr.—54 n. Chr.) ist mit seiner Lehre von der strengen Transzendenz Gottes Vorbereiter des Neuplatonismus.
2. Begründer ist Plotin (205—270 n. Chr., Hauptwerk: Enneaden). Überboten wird das System von Jamblich († um 330). Aus der athenischen Schule ist Proklos (410—485) zu nennen. Mit der Schließung der letzten neuplatonischen Schule (529 n. Chr.) endet die alte Philosophie.
3. Auf dem Wege der Emanation (Herausfließen) entsteht aus dem Vollkommenen das Unvollkommene; aus dem Göttlichen entsteht die Ideenwelt, daraus die Weltseele, dann die Einzelseelen und auf der niedersten Stufe die unbelebte Materie.
4. Mit dieser Lehre wird die platonische Lehre des Guten übersteigert. Durch Fortlassung jedes Merkmals glaubt man dem Absoluten näher zu kommen, so daß schließlich Jamblich von dem »Einen« zu dem »Unaussprechlichen« fortschreitet. Im Gegensatz zum Neuplatonismus sieht Spinoza in der unendlichen Zahl der Attribute die Vollkommenheit der Substanz.
5. Ein ähnliches Stufenreich findet sich bei Leibniz in der Lehre von den Monaden.
6. Der Neuplatonismus gelangt durch Augustin im Mittelalter zu großer Wirksamkeit. Auch in der Renaissancephilosophie bildet er ein wesentliches Element. Die Weltanschauung Shaftesburys ist ebenfalls von ihm beeinflußt.

II. Die höchste Erkenntnisstufe ist die mystische Ekstase. Das Absolute wird in ihr unmittelbar erfaßt

1. In dieser ekstatischen Schau sind Subjekt und Objekt der Erkenntnis eins (Unmittelbarkeit der Erkenntnis). Sie liegt über Sinn, Verstand und Vernunft hinaus, ist also völlig irrational.
2. Die Mystik aller folgenden Zeiten greift auf den Begriff der Ekstase zurück. (Vgl. Eckhardt, Tauler.)

2. Neupythagoreismus

III. Von untergeordneter Bedeutung ist die Wiederbelebung der pythagoreischen Schule im Neupythagoreismus.

Vertreter sind Nigidius Figulus († 45 v. Chr.) und Apollonius von Tyana (um 200 n. Chr.).

ZWEITER HAUPTTEIL: MITTELALTER

1. Patristik

Die Patristik begründet mit Hilfe der philosophischen Lehre der Antike das christliche Dogma. Im Mittelpunkt stehen die Begriffe Welt — Seele — Gott — Erlösung.

I. In der Gnosis wird der Versuch unternommen, den christlichen Glauben auf die Höhe eines religiösen Wissens zu erheben

1. Hauptvertreter sind Basilides (um 130 n. Chr.), Valentinus, Bardesanes (154—222).
2. Die Gnosis weist einen vielgestaltigen, ja phantastischen Charakter auf. Grund dafür ist ihr Streben, die Fülle der verschiedenen Religionssysteme zu vereinen (Synkretismus). So entsteht eine bunt ausgestattete Welt von Göttern, Untergöttern und Engeln, die abstrakte Begriffe symbolisieren sollen.
3. Das Christentum, das frühzeitig die Gefahr, die im spekulativen Gnostizismus lag, erkannte, konnte sich nur in schwerem inneren Kampfe gegen ihn behaupten.

II. Apologeten. Im Abwehrkampf gegen Heidentum und Judentum sind zwei Richtungen zu unterscheiden. Tertullian betrachtet das Christentum als unvereinbar mit der heidnisch-philosophischen Lehre und verwirft darum die heidnische Bildung. Justinus Martyr sucht eine Versöhnung heidnisch-philosophischen Kulturgutes mit dem Christentum herbeizuführen

Tertullian (um 200 n. Chr.), Justinus Martyr (um 165 n. Chr.).

1. Obwohl Tertullian die Philosophie ablehnt, bedient er sich ihrer doch zur Stützung der christlichen Weltanschauung.

2. Bekannt ist der angebliche Ausspruch Tertullians »Credo, quia absurdum est«, der seine Trennung von Glauben und Wissen bezeichnet.

III. In der alexandrinischen Katechetenschule wird die christliche Glaubenslehre von Clemens und Origenes zu einem System ausgebildet

Clemens (* um 150), Origenes (185—254).

IV. Der bedeutendste Vertreter der Patristik ist Augustinus. Er erstrebt eine Synthese zwischen Neuplatonismus und Christentum

1. Bevor Augustinus (* 354 in Thagaste) zum Christentum kam, war er nacheinander Ciceronianer, Manichäer, Skeptiker und Neuplatoniker. Er starb als Bischof in Hippo Regius 430. Hauptwerke: Confessiones, De civitate Dei.
2. Ausgehend von der Selbstgewißheit des inneren Lebens sucht Augustin nach einem Maßstab der objektiven Wahrheit. Dieser ist Gott, der Urquell aller Dinge, dem in höchster Vollendung die Grundtätigkeiten der menschlichen Seele: Vorstellen, Urteilen und Wollen (esse, nosse, velle) als Allmacht, Allgüte, Allweisheit zukommen.
3. Augustinus leugnet die Willensfreiheit und verteidigt die Lehre von der Prädestination. Damit verbunden ist die Lehre von der Erbsünde.
4. Ziel ist die Aufrichtung des Gottesstaates (civitas Dei) an Stelle des irdischen (civitas terrena).

2. Scholastik

Die Scholastik ist als der Versuch anzusehen, das christliche Dogma gegen die Angriffe der Philosophie zu verteidigen. Durch das Dogma war ihr Ziel metaphysisch eindeutig festgelegt, so daß sie sich auf das Formal-Logische beschränken mußte.

Frühscholastik (900—1200),
Hochscholastik (1200—1300),
Spätscholastik (1300—1450).

I. Hauptprobleme der Scholastik sind

a) das Verhältnis von Glauben und Wissen

b) Die Geltung der Allgemeinbegriffe (Universalienstreit)

1. Zur Diskussion steht die Frage, ob und wieweit Glaube durch Wissen gerechtfertigt werden kann. Es ergeben sich folgende Möglichkeiten von Lösungen:
a) Glaube und Wissen sind getrennt,
b) Glaube ergänzt das Wissen,
c) Glaube wird durch Wissen bewiesen.
2. In dem Universalienstreit handelt es sich um die Frage, ob Gattungsbegriffe (universalia)
a) wirklich (objektiv) oder nur in unseren Gedanken oder in der Sprache (subjektiv) sind,
b) ob sie körperlich oder unkörperlich sind,
c) ob sie von den Sinnendingen gesondert oder in den Dingen sind.
Das Problem selbst geht auf Plato zurück. Den literarischen Ausgangspunkt des Streites bildet eine Stelle in der Einleitung zur aristotelischen Logik des Porphyrius (233—305).
Drei Lösungen sind möglich:
a) Universalia ante rem. Allgemeinbegriffe haben Existenz vor den Einzeldingen (Plato). Radikaler Begriffsrealismus.
b) Universalia in re. Allgemeinbegriffe haben Existenz in den Dingen (Aristoteles). Z. B. existiert der Begriff Pferd nicht vor und getrennt von den einzelnen Pferden, sondern in ihnen. Gemäßigter Realismus.
c) Universalia post rem. Allgemeinbegriffe sind bloße Namen oder Benennungen, die eine Vielheit von Einzeldingen zusammenfassen. Einzeldinge sind das Primäre. Begriffe existieren erst nach den Dingen. Nominalismus.
3. Der Universalienstreit zieht sich durch das ganze Mittelalter. Seine Bedeutung erhält er durch seine weittragenden weltanschaulichen Konsequenzen.
4. In der Früh- und Hochscholastik ist die herrschende Richtung der Realismus. Erst in der Spätscholastik gelangt der Nominalismus zum Siege.

II. Roscellin (1050—1100) ist Vertreter des Nominalismus (Universalia post rem)

1. Der Nominalismus greift auf die Stoa und Kynik zurück. Er bereitet die empiristische Entwicklung in England (Locke, Berkeley, Hume) vor.

III. Anselm von Canterbury (1033—1109) ist Vertreter des Realismus

1. Anselm von Canterbury ist bekannt als Schöpfer des ontologischen Gottesbeweises: Ich habe in mir die Idee des vollkommensten Wesens (ens perfectissimum). Würde dieser Idee keine Realität zukommen, so gäbe es ein vollkommeneres Wesen, dem zu allen Vollkommenheiten auch die Realität zukäme. Da ich jedoch das vollkommenste Wesen gedacht habe, so muß es auch existieren.
2. Andere Gottesbeweise sind:
a) der von Aristoteles aufgestellte kosmologische Beweis, der aus der Existenz der Welt als notwendige Ursache Gott erschließt,
b) der teleologische, der aus der Zweckmäßigkeit der Welt einen zwecksetzenden Schöpfer erschließt.
3. Der ontologische Gottesbeweis wird von Descartes übernommen. Kant widerlegt ihn in der Dialektik der reinen Vernunft, indem er zeigt, daß Existenz keine Eigenschaft, sondern eine Beziehung zu unserer Erkenntnis ist.

IV. Der bedeutendste Vertreter der Hochscholastik ist Thomas von Aquino (1225—1274)

1. Die Hochscholastik ist eine völlige Renaissance der aristotelischen Lehre, die dem Abendland durch die arabische und jüdische Philosophie übermittelt wird.
2. Glauben und Wissen ergänzen sich. Die spezifisch christlichen Wahrheiten (z. B. Dreieinigkeit, Menschwerdung Gottes) sind jedoch nur durch Offenbarung zugänglich.
3. Auf psychologischem Gebiete ist Thomas Intellektualist.

Er lehrt, daß das Wissen dem Wollen vorangeht (im Gegensatz zu Duns Scotus).

V. Duns Scotus (1270—1308) ist Voluntarist. Der Wille geht dem Erkennen voran. (Voluntas est superior intellectu.)

1. Das Gute ist gut, weil Gott es gebietet, Es gibt keine »perseïtas boni« (Für-sich-Bestehen des Guten).
2. Im 19. Jahrhundert begründet Schopenhauer ein umfassendes System des Voluntarismus. Der Wille ist für ihn das Ding an sich.

VI. Der Realismus, auf den sich die Kirche in der Früh- und Hochscholastik gestützt hatte, wird in der Spätscholastik durch den Nominalismus verdrängt, den Wilhelm von Occam zum Siege führt (1299—1349)

1. Auf dem Boden des Begriffsrealismus waren Tendenzen entstanden, die der kirchlichen Dogmatik feindlich gesinnt waren. Die Wendung zum Nominalismus ist als der Versuch anzusehen, die mit letzten Allgemeinbegriffen arbeitenden metaphysischen Spekulationen zu unterbinden. Als Mittel bediente sich die Kirche des Nominalismus, der Glauben und Wissen trennt und die Geltung des Wissens auf die Erfahrung beschränkt.
2. Der Nominalismus Occams bildet die Vorstufe des Lockeschen Empirismus. Wesentliche Grundlagen des Lockeschen Systems (z. B. Trennung von Sensation und Reflektion) finden sich bereits bei Occam.
3. Auf nominalistischem Boden tritt die Lehre von der doppelten Wahrheit auf. Danach kann ein Satz theologisch falsch und dennoch philosophisch richtig sein. Diese Lehre bildete einen Schutz der Philosophen vor kirchlichen Anfeindungen.

VII. In Opposition zur Kirchenlehre betont die Mystik die unmittelbare Beziehung zwischen Gott und Einzelseele

1. Vertreter sind Eckhardt (1260—1327) Tauler (1300—1361) und Suso (1300—1365). Vgl. auch Jakob Böhme (1575 bis 1624).

2. Die Mystik schöpft
a) aus dem Neuplatonismus (Begriff der Ekstase),
b) aus den Schriften des Dionysios Areopagita und ihrer »negativen Theologie«.
3. Die deutsche Mystik hat wesentlich auf die Reformationsbewegung eingewirkt. (So ist z. B. die lutherische Lehre vom allgemeinen Priestertum durch sie beeinflußt.)

DRITTER HAUPTTEIL: NEUZEIT

ERSTER TEIL
DIE PHILOSOPHIE BIS KANT

Erster Abschnitt
Renaissancephilosophie

Die Renaissance bedeutet Wiederbelebung der antiken Philosophie unter bewußter Ablehnung des Aristoteles sowie der kirchlichen Offenbarung und Dogmatik.

I. Gegenüber der Scholastik beginnt mit Nicolaus Cusanus (1401—1464) die Wendung zu einer selbständigen Philosophie

1. Nicolaus Cusanus unterscheidet vier Erkenntnisstufen: a) Sinn und Einbildung; b) Verstand; c) Vernunft; d) mystische Intuition.
2. Durch mystische Intuition erfassen wir das Zusammenfallen der Gegensätze im Unendlichen, während dieses für das Denken unbegreiflich ist (docta ignorantia, gelehrte Unwissenheit).
3. Die Gottheit enthält in sich die Auflösung aller Gegensätze in einer Einheit (coincidentia oppositorum).
4. Jedes Ding ist eine kontrahierte Unendlichkeit und spiegelt das Universum wieder. Vgl. Leibniz' Begriff der Monade.
5. Der Unendlichkeitsbegriff des Nicolaus Cusanus hat auf Giordano Bruno eingewirkt.

II. Der Humanismus stellt eine Renaissance antiken Kulturgutes dar. Mit ihm wendet man sich von der christlichen Weltanschauung zum klassischen Ideal der Antike zurück. Es sind drei Entwicklungen zu unterscheiden: die italienische, deutsche und französische Renaissance

1. Seinen Ausgang nimmt der Humanismus in Italien. Die platonische Akademie wird in Florenz unter den Mediceern ins Leben gerufen (Georgios Gemisthos Plethon, ferner: Bessarion, Marsilius Ficinus und Pico von Mirandola).
2. In Frankreich bekämpft Petrus Ramus (1515—1572) die aristotelische Logik.
3. In Deutschland sind Mutianus Rufus, Reuchlin, Erasmus von Rotterdam zu nennen.
4. Die Reformation ist nicht im eigentlichen Sinne als eine philosophische Bewegung anzusehen. Der Philosoph der Reformation, Melanchthon, schuf eine protestantische Scholastik.
5. Skeptische Strömungen finden sich bei Montaigne (1533—1592), Sanchez und Charron (1541—1603).

III. Die Naturphilosophie geht neue Wege und wendet sich besonders gegen Aristoteles

1. Die naturphilosophischen Spekulationen der Renaissance bedeuten sachlich keinen Fortschritt. Sie sind als der Versuch anzusehen, unter Ausschaltung der aristotelischen Philosophie zu einem neuen Ansatzpunkt zu gelangen. Ihr primitives, z. T. phantastisches Philosophieren erinnert an die Anfänge der milesischen Philosophie.

a) In Italien treten hervor: Telesio, Cardano, Campanella.
b) In Deutschland: Paracelsus, Agrippa von Nettesheim.

2. Die reifste Ausprägung erhielt die Naturphilosophie der Renaissance durch Giordano Bruno (* 1548 in Nola, Dominikanermönch, Reisen durch Deutschland, Frankreich, England, fällt 1596 in die Hände der Inquisition, 1600 in Rom verbrannt). Er ist Vorläufer Spinozas. Seinen Ausgangspunkt bilden der Heliozentrismus des Kopernikus und die durch Lukrez vermittelte antike Atomistik. Er

ist Vertreter eines entschiedenen Pantheismus und lehrt die Unendlichkeit der Welten.

Werke: Della causa, del principio ed uno.

IV. Auf dem Gebiet der Staatsphilosophie vertreten Macchiavelli und Bodin die Idee des omnipotenten Staates. Thomas Morus und Campanella sind Verfechter einer kommunistischen Staatsauffassung

1. a) Macchiavelli (1469—1527) ordnet die Moral der Staatsraison unter. Er fordert einen starken Fürsten, der vor Verrat, Betrug und Mord nicht zurückschreckt.
   b) Bodin (1530—96) verlangt zur Herbeiführung des religiösen Friedens ebenfalls den omnipotenten Staat.
2. Thomas Morus (1480—1535) knüpft an das platonische Staatsideal an.

V. Ausgehend vom Individuum versucht die naturrechtliche Betrachtungsweise den Staat auf einen idealen Gesellschaftsvertrag zurückzuführen

1. Vertreter sind Althus, Hugo Grotius (1583—1645), die Monarchomachen (aus kirchlichem Interesse).
2. Das Recht des Einzelnen gegenüber der Gesellschaft kann nie verschwinden; daher fordert das Naturrecht Schutz der individuellen Interessen und behauptet die ursprüngliche Souveränität des Volkes.
3. Das Naturrecht (im Gegensatz zum göttlichen und positiven Recht) entspringt den inneren Prinzipien der menschlichen Vernunft. Es wird definiert als das Recht, das die Vernunft als mit der Natur des Menschen übereinstimmend erklärt.

VI. Auf dem Gebiet der Erkenntnistheorie bekämpft Baco von Verulam (1561—1626) das Prinzip der Deduktion und fordert die Induktion (Beobachtung und Experiment)

1. Unter Deduktion versteht man die Ableitung besonderer Sätze aus allgemeinen, unter Induktion das Gegenteil.
2. Wegen seiner Betonung der empirischen Beobachtung und des Experimentes galt Baco lange Zeit als der Begründer

der empiristischen Entwicklungsreihe Locke-Hume-Mill oder sogar der neueren Philosophie überhaupt. Dabei wurde übersehen, daß die Methode seiner Naturerkenntnis noch die alte aristotelische war und daß er noch keine Beziehung zu der modernen mathematischen Naturwissenschaft hatte. Er gehört noch ganz der Übergangsphilosophie der Renaissancezeit an.

3. Die menschliche Erkenntnis wird nach Baco durch subjektive Vorurteile getrübt, die er Idole nennt. Er unterscheidet folgende vier Arten:

a) idola tribus (Täuschungen des Stammes, d. h. der gesamten Menschheit), z. B. der Irrtum der teleologischen und anthropomorphistischen Auffassung;

b) idola specus (Täuschungen der Höhle, genannt nach dem platonischen Höhlengleichnis), z. B. Lieblingsvorstellungen des Einzelmenschen;

c) idola fori (Täuschungen des Marktes), durch die Sprache entstehende Fehlmeinungen;

d) idola theatri (Vorurteile, die durch verbreitete philosophische Lehrmeinungen entstehen).

4. Beim Experiment ist eine Tafel der positiven Fälle (tabula praesentiae), der negativen Fälle (tabula absentiae) sowie der Grade (tabula graduum) aufzustellen. Durch Ausscheidung der unwesentlichen Fälle ergeben sich die »prärogativen Instanzen«, durch die wir zur Definition der »Form« einer Erscheinung gelangen (Instanzenlehre).

VII. Die Teleologie des Aristoteles wird abgelöst durch die mechanische Naturauffassung, die bis in die Gegenwart wirksam ist

1. Während die aristotelische Teleologie bestimmte zwecksetzende Kräfte (formae substantiales) annimmt, die durch Einwirkung auf die Materie das Naturgeschehen bewirken, erklärt die mechanische Naturauffassung alles Naturgeschehen durch Lageveränderung materieller Teile.

2. Seine Formulierung findet das Prinzip der modernen Naturauffassung bei Galilei. Aufgabe der Naturwissenschaft

kann es nur sein, exakte Gesetze des streng mechanischen Geschehens aufzustellen, nicht aber verborgene Kräfte vorauszusetzen.

3. Im Altertum vertritt bereits Demokrit die mechanische Naturauffassung. Unmittelbare Vorläufer Galileis sind Leonardo da Vinci, Kepler, Kopernikus.
4. In Gassendi findet nicht nur die mechanische Naturauffassung, sondern auch die Atomistik ihre Erneuerung.

Zweiter Abschnitt

Die großen rationalistischen Systeme des 17. Jahrhunderts

Der Rationalismus des 17. Jahrhunderts ist die Methode, nach der die großen metaphysischen Systeme von Descartes, Spinoza, Leibniz und Hobbes ausgebildet worden sind. In ihm erreicht die Spekulation einen ihrer weltgeschichtlichen Höhepunkte.

I. Im Rationalismus kommt das optimistische Streben nach einer absoluten, vernunftgemäßen, allgemeingültigen, klaren und totalen Welterkenntnis zum Durchbruch

1. Das methodische Vorbild der Philosophie ist die Mathematik. Das vernünftige Denken (ratio) ist die wesentliche Quelle unserer Erkenntnis.
2. Im Gegensatz dazu steht der Empirismus, der von der sinnlichen oder geschichtlichen Erfahrung ausgeht und sie als alleinige Erkenntnisquelle betrachtet.

II. Voraussetzung des Rationalismus ist die Lehre von den angeborenen (eingeborenen) Ideen

1. Die Lehre von den angeborenen Ideen geht bis auf Heraklits Logoslehre zurück. Bei Plato findet sich zuerst der eigentliche Rationalismus (Anamnesis der Ideen), während Heraklit noch keine apriorische Erkenntnis annimmt. Die

Stoiker knüpfen an die heraklitische Logoslehre und die platonische Anamnesis trotz ihres erkenntnistheoretischen Sensualismus an. Von hier aus ist die Lehre dem Mittelalter zugänglich geworden.

2. Den Hintergrund dieses Rationalismus bildet die Überzeugung, daß die menschliche Vernunft mit ihren Erkenntnissen ein Spiegelbild der göttlichen (kosmischen) Vernunft sei. Während die kosmische Vernunft durch ihr Denken die Welt schafft, ist das menschliche Denken nur ein Nacherleben dieses weltschöpferischen Denkens. Durch die Annahme dieser Beziehung zwischen göttlicher und menschlicher Vernunft erhält der Rationalismus den ihm eigentümlichen optimistischen Zug

a) in theoretischer,

b) in praktischer Beziehung.

3. Die sinnliche Wahrnehmung wird als unklare, verworrene, nur vorläufige Erkenntnis abgelehnt.

III. Dazu tritt die mechanische Naturauffassung, wie sie von Galilei erneuert worden ist. Alles Weltgeschehen wird aus der Lageveränderung materieller Teile erklärt

1. Mit Hilfe der Mathematik sollen exakte Kausalformeln aufgestellt werden.

2. Die alte organisch-teleologische Naturauffassung wird bekämpft; nur Leibniz erneuert sie wieder.

IV. Die Naturwirklichkeit steht deshalb im Vordergrund des Interesses. Der Mensch wird in den Zusammenhang der Naturwirklichkeit gestellt

1. Damit ist jedoch kein Naturalismus gegeben. Die rationalistischen Systeme umfassen alle metaphysischen Richtungen vom Materialismus bis zum Spiritualismus. Die vier großen Systematiker sind:

a) Descartes (Dualismus).
Die Realität des Geistes wird behauptet, obgleich er in absolutem Gegensatz zum Körper steht.

b) Spinoza (Monismus, Identitätsphilosophie).

Auch Spinoza bestreitet nicht die Realität des Geistigen, nur ist es (wie auch das Physische) nicht Substanz, sondern nur Attribut der Substanz. Das Verhältnis zwischen Geistigem und Physischem wird als Parallelismus bestimmt.

c) Leibniz (metaphysischer, objektiver Idealismus).
Alleinige Realität hat die geistige Wirklichkeit. Die physische Wirklichkeit wird in die geistige (als verworrene Erscheinungsform eines an sich Geistigen) aufgelöst.

d) Hobbes (Materialismus).
Existenz haben nur Körper. Diese Anschauung gründet sich auf der Auffassung Galileis, nach der nur mathematisch exakt Faßbarem Wirklichkeit zukommt.

1. Descartes (Cartesius)

Leben: * 1596 in La Haye (Touraine). Er besucht die berühmte Jesuitenschule in La Flèche, wo er scholastische Schulphilosophie kennenlernt. Nach abenteuerlichen Kriegsfahrten (30 jähriger Krieg) zieht er sich 1629 nach Holland zurück. Hier gestaltet er seine Philosophie aus. 1649 von Königin Christine von Schweden nach Stockholm berufen, stirbt er dort schon 1650.

Werke: 1637: »Discours de la méthode.« — 1641: »Meditationes de prima philosophia.« (Metaphysische Grundlegung mit Anhang: Einwürfe von Gegnern und Antworten Descartes' auf diese.) — 1644: »Principia philosophiae.« — 1649: »Les passions de l'âme« (Affektenlehre).

A. Metaphysik

I. Methodischer Zweifel. Alle Urteile unterliegen dem Zweifel. Sie müssen deswegen zunächst ausgeschaltet werden

1. Der methodische Zweifel richtet sich nicht gegen einzelne Meinungen, sondern gegen die Grundlagen der Erkenntnis (»da ja bei Untergrabung der Fundamente alles, was darauf gebaut ist, von selbst zusammenstürzt«), und zwar

a) gegen die Annahme einer physischen Außenwelt, da unsere Wahrnehmungsvorstellungen bloße Traumbilder sein können

b) gegen die mathematischen Wahrheiten, da die Möglichkeit nicht abgewiesen werden kann, daß Gott uns absichtlich der Täuschung ausgesetzt hat.
2. Der Zweifel Descartes' steht im Gegensatz zum absoluten Zweifel. Er ist methodischer Art und dient als Mittel zur Gewinnung eines festen Ausgangspunktes der Philosophie.

II. Meine Existenz als geistiges Wesen (das subjektive Wahrnehmungsbilder hat), kann nicht bestritten werden (cogito ergo sum: Ich denke, also bin ich — denkend bin ich) (Archimedischer Punkt)

1. Wenn ich an allem zweifle, so kann ich daran nicht zweifeln, daß ich zweifle, also denke.
2. Das denkende Ich ist eine seelische Substanz. Descartes stellt zum erstenmal die psychologische Substanztheorie auf. Materielles und Seelisches wird grundsätzlich getrennt.
3. Bis zu Descartes wird das Seelische entweder als feinmateriell (Heraklit, Anaxagoras, Demokrit) oder als Kraft (Aristoteles) angesehen.
4. Ich existiere als eine denkende Sache. Damit ist sogleich der psychophysische Dualismus eingeführt. Das denkende Ich, das jetzt konstituiert ist, steht dem ausgedehnten Körper, über dessen metaphysische Seinsbedeutung noch nichts entschieden ist, gegenüber.
5. Der Satz »cogito ergo sum«, der erste feste Punkt in der cartesianischen Philosophie, wird als archimedischer Punkt bezeichnet. Der Neukantianismus deutet ihn im Sinne des methodischen Idealismus Kants.

III. Der Satz cogito ergo sum gibt mir gleichzeitig ein Kriterium der Wahrheit. Es besteht in der Klarheit und Deutlichkeit der Vorstellungen

1. Dieses Kriterium ist die von der antiken Skepsis vergeblich gesuchte Brücke. Über sie allein können wir von den uns zugänglichen subjektiven Wahrnehmungsvorstellungen zur Wirklichkeit an sich gelangen. Alles, was ich ebenso

klar und deutlich erkenne wie den Satz »cogito ergo sum« ist wahr (quidquid clare et distincte percipio, verum est).

2. Das eben gewonnene Kriterium, das möglicherweise ebenfalls auf eine Täuschung durch einen boshaften Geist zurückgeht, muß jedoch solange suspendiert werden, bis festgestellt ist,

a) ob ein Gott existiert,

b) ob er ein Betrüger sein kann.

IV. Zur Sicherung des Wahrheitskriteriums werden drei Beweise für die Existenz Gottes aufgestellt

1. Der erste Beweis lautet: Die Vorstellung Gottes enthält soviel Realität und Vollkommenheit, daß sie nicht aus mir selber, der ich doch ein sehr viel unvollkommeneres Wesen bin, stammen kann, sondern vielmehr von einem vollkommenen Wesen erzeugt sein muß. Dieser Gottesbeweis geht auf den scholastischen Lehrsatz zurück: Eine Idee mit vorgestellter Realität muß zuletzt durch eine Ursache erzeugt sein, die mindestens ebensoviel wirkliche Realität hat, wie der Idee vorgestellte Realität zukommt.
2. Der zweite Gottesbeweis ist eine Ergänzung des ersten ohne wesentlich Neues.
3. Der dritte Gottesbeweis ist der bekannteste. Er ist eine Modifikation des berühmten ontologischen Gottesbeweises, der auf Anselm von Canterbury zurückgeht. Er verläuft folgendermaßen: In der Idee des vollkommensten Wesens, die ich in meinem Geiste habe, erkenne ich klar und deutlich die Existenz als ein Merkmal.

   Der Beweis stützt sich auf die Voraussetzung, daß die Existenz ein begriffliches Merkmal sei, das zu den übrigen Eigenschaften hinzukommt (»Essentia involvit existentiam«, die Wesenheit schließt die Existenz ein).
4. Gott ist seinem Wesen nach vollkommen, also auch wahrhaftig (veracitas Dei). Eine Täuschung durch ihn ist damit also ausgeschlossen (rationalistisch-deduktiver Beweis).
5. Dennoch ist die Tatsache der Täuschung, des Irrtums, erfahrungsgemäß nicht zu bestreiten. Es taucht also bei der gegebenen Sachlage das Problem auf, woher der mensch-

liche Irrtum stammt. Descartes löst es im Zusammenhang seiner Urteilslehre: Der Grund des Irrtums liegt darin, daß der Wille auch da seine Zustimmung erteilt, wo der Intellekt Urteile vollzogen hat, die auf unklarer mangelhafter Erkenntnis beruhen. Der Irrtum fällt damit der menschlichen Willensfreiheit zur Last.

6. Ein Zirkel ist in der Tatsache zu sehen, daß Descartes mit Hilfe des Kriteriums der Klarheit und Deutlichkeit die Existenz Gottes beweist und dann dieses Kriterium selbst auf Gottes Existenz und Wahrhaftigkeit stützt.

V. Mit dem Nachweis der Wahrhaftigkeit Gottes ist die logische Gültigkeit des Wahrheitskriteriums bewiesen

1. Das Wahrheitskriterium darf mit Recht in Anwendung gebracht werden. Das geschieht

a) für die mathematischen Urteile. Sie gründen sich auf deutliche Perzeptionen und finden darin ihre Bestätigung.

b) für das Dasein der Außenwelt, deren Realität zuerst in Zweifel gezogen und nun erst bewiesen wird: Empfindungen sind passive Erlebnisse. Ich habe die »große Geneigtheit« zu glauben, daß sie nicht aus mir selbst stammen, sondern bewirkt sind von einem jenseits des Geistes Liegenden. Da ich nun weiß, daß ich nicht in dem getäuscht werde, was ich klar und deutlich erkenne, so kann ich unbedenklich von meinen Empfindungen auf an sich reale Ursachen schließen.

2. Nur die Eigenschaften der Materie, die klar und deutlich vorgestellt werden, sind an sich wirklich. Nicht nur die spezifischen Sinnesqualitäten (Farben, Töne, Gerüche), auch die mechanischen Qualitäten (Härte, Schwere, Undurchdringlichkeit der Materie) sind subjektiv. Als objektiv bleiben nur die mathematischen Eigenschaften der Ausgedehntheit (extensio) übrig.

3. Galilei hatte (wie einst schon Demokrit) die spezifischen Sinnesqualitäten subjektiviert. Descartes geht einen Schritt weiter, Spinoza und Leibniz vollenden den Rationalisierungsprozeß.

Ergebnisse

Das cartesianische Weltbild ist dualistisch. Zwei Klassen von Substanzen sind zu unterscheiden:
a) geistige,
b) körperliche.

Eigentlich sind es drei Substanzen, da noch die göttliche Substanz hinzutritt. Ferner ist die ungeschaffene Substanz (Gott) von den geschaffenen Substanzen (Körper, Geist) zu trennen.

Streng genommen gibt es nur eine Substanz, die der cartesianischen Definition genügt: »Substanz ist eine Sache, die so existiert, daß sie zu ihrem Existieren keines anderen Dinges bedarf.«

Die erschaffenen Substanzen, Körper und Geist, bedürfen jedoch der gesetzmäßigen Mitwirkung Gottes. Sie sind daher nur relative Substanzen mit unvollkommener Selbständigkeit.

Attribute sind die bleibenden, unveränderlichen Eigenschaften, die das Wesen der Substanz ausmachen (Dauer und Existenz der beiden Substanzen, Ausdehnung bei der körperlichen, Denken bei der geistigen Substanz).

Akzidentien oder Modi sind unwesentliche Eigenschaften, die in der Substanz wechseln können, z. B. dubitare, affirmare, velle usw. (zweifeln, bejahen, wollen).

Körper und Geist stehen sich fremd und selbständig gegenüber. Sie negieren einander.

B. Die speziellen Disziplinen

I. Die naturwissenschaftlichen Konstruktionsfaktoren. (Naturphilosophie). Descartes steht auf dem Boden der galileischen Naturauffassung, die er nur noch mathematisch verschärft, indem er auch die mechanischen Qualitäten (Schwere, Härte, Undurchdringlichkeit) subjektiviert und nur die mathematischen stehen läßt. Alle übrigen Eigenschaften der Materie werden auf Lageveränderungen materieller Teile reduziert

1. Die Materie, die daher, streng genommen, mit Räumlichkeit, Ausgedehntheit identifiziert wird, ist kontinuierlich,

d. h. jeder Raumpunkt geht in den anderen über (Gegensatz: diskrete Raumauffassung bei Leibniz, nach welcher die Raumpunkte getrennt bleiben).

2. An Stelle der Atome führt Descartes als Ersatz die Korpuskeln ein.

   Die Korpuskeln sind kleinste materielle Teile, die nicht unteilbar, also nur relative Atome sind (unendlich teilbar).

3. Das Quantum der Materie und Bewegung ist unveränderlich.

II. Anthropologie. Während Tiere rein mechanisch erklärbare bloße Automaten sind, ist der Mensch ein „Kompositum“ aus Seele und Körper. Das Verhältnis zwischen den beiden Substanzen im Menschen ist die Wechselwirkung

1. Bei der Empfindung erfolgt eine Einwirkung des Körpers auf den Geist, bei den Willensakten eine solche des Geistes auf den Körper. Das Organ der Vermittlung (Sitz der Seele) ist die Zirbeldrüse (glandula pinealis), weil sie das einzige unpaarige Gehirnorgan ist.
2. Solche zusammengesetzten Substanzen weisen die Eigentümlichkeiten auf, die aus der Kombination resultieren

a) sinnliche Wahrnehmungen. Für den Rationalisten Descartes die Quelle der unklaren Erkenntnis.

b) Affekte, z. B. Trauer, Freude. Descartes führt sie auf sechs Grundaffekte zurück: Bewunderung, Liebe, Haß, Begierde, Lust und Unlust.

c) sinnliche Begehrungen: Hunger, Durst.

   Descartes betrachtet die Affekte als »confusi modi cogitandi« (unklare Modi des Denkens). Dagegen sind reines rationales Erkennen und reines vernünftiges Wollen Funktionen der reinen, nicht durch Verbindung mit dem sinnlichen Element getrübten Seele.

III. Ethik. Das ethische Ziel ist die Freiheit von Affekten

Die ethischen Gedanken (die Descartes nicht systematisch aufstellt) zeigen den Einfluß der Stoa. Höchste Tugend ist die Großmut.

Überblick

Erkenntnistheoretisch ist Descartes für das physische Gebiet Abbildrealist, für das psychische Gebiet naiver Realist. Hinsichtlich der Herkunft der Erkenntnis Rationalist, psychologisch Intellektualist und Indeterminist, metaphysisch Dualist, naturphilosophisch vertritt er eine mechanisch-mathematische Naturauffassung.

2. Cartesianismus und Occasionalismus

I. Der Einfluß des cartesianischen Systems auf die europäische Philosophie war bedeutend. Er zeigte sich zunächst in Holland und Frankreich, dann auch in Deutschland. Erst das Wolffsche System löste den Cartesianismus ab

1. Deutsche Anhänger sind Klauberg (1625—65) und Balthasar Bekker (1634—98), der mit cartesianischen Mitteln das Hexenwesen bekämpft; in Frankreich die Jansenisten (Pierre Nicole, Anton Arnauld, Blaise Pascal, dessen Mystik an die Lehre von der absoluten Dualität zwischen Körper und Geist anknüpft).
2. Bemerkenswert ist der in der Geschichte der Philosophie meteorartig auftauchende Solipsismus (solus ipse = ich allein) (theoretischer Egoismus), der die cartesianische Philosophie nur bis zum »cogito ergo sum« anerkennt. (Ich bin eine geistige Substanz, alles übrige, mein Körper, die Körper außer mir nebst ihren Seelen sind meine individuellen Vorstellungen.)
3. Als Gegner Descartes' trat besonders die Kirche auf, deren Mißtrauen er trotz seines diplomatischen Auftretens nicht entgehen konnte. In Rom wurden seine Werke 1663 auf den Index der verbotenen Bücher gesetzt. Gassendi und seine Anhänger, die die epikureische Atomistik erneuerten, und Bayle sind seine philosophischen Gegner (vgl. Aufklärungszeitalter).

II. Der Occasionalismus entsteht an dem Problem des Verhältnisses von Körper und Geist, das Descartes als Wechselwirkung bestimmt hatte

1. Diese gewaltsame Lösung wird von den Occasionalisten als unhaltbar betrachtet, da es unmöglich scheint, daß
   a) ein Nicht-Ausgedehntes auf ein Ausgedehntes einwirkt und umgekehrt,
   b) überhaupt eine Substanz auf eine andere einwirkt.

   Der Grund hierfür ist der rationalistische Anspruch des Begriffs Substanz, dessen Merkmal Selbständigkeit jede Beeinflußbarkeit ausschließt. Es zeigt sich der Übergang zu Spinozas Parallelismus.
2. Die Erklärung, die der Occasionalismus abgibt, ist folgende:
   a) Beide Substanzen sind absolut selbständig. Eine Wechselwirkung ist daher ausgeschlossen. Der Dualismus wird gegenüber Descartes noch verschärft.
   b) Die tatsächlich stattfindende Beziehung zwischen Körper und Geist ist nur durch göttliche Vermittlung möglich, und zwar bewirkt Gott
      α) bei »Gelegenheit« (occasio) der körperlichen die entsprechenden seelischen Vorgänge: z. B. ist das Eindringen des Lichtstrahles in das Auge die Gelegenheit, bei der Gott die entsprechende Lichtempfindung bewirkt;
      β) bei »Gelegenheit« seelischer die entsprechenden körperlichen Vorgänge, z. B. ist ein Willensakt die Anweisung an Gott, die Bewegung der Hand zu bewirken.
3. Im Uhrengleichnis wird das Verhältnis zwischen Körper und Geist mit zwei Uhren verglichen, die von demselben Meister in Gang gesetzt stets die gleiche Zeit anzeigen, ohne daß sie miteinander in Beziehung stehen. Dieses Gleichnis findet sich bei Leibniz wieder (vgl. auch Säuglingsgleichnis).
4. Begründer des Occasionalismus sind La Forge und Cordemoy, Hauptvertreter sind
   a) Arnold Geulincx (1625—1669, Professor in Leyden, Hauptwerk: »Ethik«). Im einzelnen tritt zu den occasionalistischen Grundsätzen bei ihm hinzu

α) ein Schwanken bezüglich der Einmaligkeit der Vermittlung Gottes;

β) als weiterer Beweis des Occasionalismus der Satz: »Wovon man nicht weiß, wie es bewirkt ist, das kann man auch nicht bewirkt haben.« Nun weiß ich nicht, wie der Willensakt die Bewegung der Hand zustande bringt und die Sonne nicht, wie sie die Lichtempfindung bewirkt. Es kann also hier nicht ein Ursachverhältnis bestehen;

γ) eine mystische Ethik, die auf dieser theoretischen Philosophie beruht. Da wir ohnmächtig sind, irgendeine Wirkung hervorzurufen, sollen wir uns auf uns selbst zurückziehen. »Ubi nihil vales, ibi nihil velis,« (Wo du nichts vermagst, da sollst du auch nichts wollen.) Geulincx fordert deshalb ein passives Unterwerfen unter die Macht Gottes. (Quietismus.)

b) Nicole Malebranche (1638—1715, Priester des Oratoriums Jesu, Hauptwerk: »De la recherche de la vérité«). Seine Grundlehren sind:

α) Körperliche Dinge existieren nur durch Partizipation am Seienden, Geister sind Modifikationen Gottes.

β) Die Erkenntnis der physischen Dinge ist nur dadurch möglich, daß wir deren Ideen in Gott schauen. Gott ist der »Ort der Geister«.

γ) Gott ist nicht nur Geist, sondern auch Inbegriff der körperlichen Vollkommenheit (Ausdehnung).

3. Spinoza

Leben: Baruch Spinoza, * 1632 in Amsterdam, entstammt einer aus Portugal eingewanderten jüdischen Familie. Ursprünglich zum Rabbiner bestimmt, beschäftigt er sich mit dem Talmud, Maimonides, der jüdischen Scholastik und der Neuscholastik. Bald wendet er sich der neuen mathematischen Physik und der cartesianischen Philosophie zu. Er wird 1656 aus der jüdischen Gemeinde ausgestoßen und aus Amsterdam ausgewiesen. Er lebt dann an verschiedenen Orten Hollands, zuletzt im Haag. Eine Berufung an die Heidelberger Universität schlägt er aus, um sich seine geistige

Unabhängigkeit zu bewahren. Trotz seiner Zurückgezogenheit stand er in reger Verbindung mit den großen Persönlichkeiten seiner Zeit. † 1677.

Werke: 1663 Principia philosophiae Renati Cartesii (Darstellung der cartesianischen Philosophie). — 1670 Tractatus theologico-politicus, Tractatus politicus (Staatsphilosophie). — 1677 Ethica ordine geometrico demonstrata (Hauptwerk, enthaltend Metaphysik, Naturphilosophie, Psychologie, Affektenlehre und Ethik).

A. Metaphysik

Descartes war zu einem Dualismus von Körper-Geist, geschaffener-ungeschaffener Substanz, Denken-Sein gelangt. Spinoza versucht diese Dualismen zu überwinden durch Annahme einer einzigen Substanz mit unendlich vielen Attributen, von denen nur Körper und Geist erkennbar sind. Die cartesianischen Substanzen sinken in ihrer Bedeutung zu bloßen Attributen der einen Substanz herab.

I. Es existiert nur eine Substanz. Sie ist die Trägerin aller Wirklichkeitsinhalte (Monismus)

1. Die Substanz ist unendlich, da sie nur von einer anderen Substanz begrenzt sein könnte. Dann würden jedoch beide zusammenfallen, da Spinoza vom Begriff der Substanz ausgehend andere Unterscheidungen nicht anerkennt.

   Kant widerlegt in der »Kritik der reinen Vernunft« (Unterscheidung der Phaenomena und Noumena) diese Auffassung. Er zeigt, daß beispielsweise zwei Wassertropfen, die begrifflich gleich sind, sich durch ihre verschiedene Lage im Raum unterscheiden.
2. Die Substanz ist für sich existierend, d. h. jede Beeinflussung ist ausgeschlossen. Diese Eigenschaft wird deduktiv-rationalistisch aus dem Begriff der Substanz abgeleitet: »Per substantiam intelligo id, quod in se est et per se concipitur«. Unter Substanz verstehe ich das, was in sich ist und durch sich begriffen wird.
3. Die Substanz ist ewig und unteilbar. Auch hier geht Spinoza

vom Begriff der Substanz aus und vertauscht begriffliche und individuelle Substanz.

4. Die Substanz ist »causa sui« (Ursache ihrer selbst), da sie nicht von einem anderen Seienden hervorgebracht sein kann.
5. Alle anderen Lösungen sind unmöglich, denn
a) mehrere Substanzen mit demselben Attribut kann es nicht geben, da solche Substanzen sich nur durch unwesentliche Akzidenzien unterscheiden würden,
b) mehrere Substanzen mit verschiedenen Attributen können nicht existieren, da diese fremd und beziehungslos nebeneinander stehen würden.
6. Gott, Natur und Substanz sind für Spinoza identisch (Immanenz). Diese Immanenzlehre übte starke Wirkung auf den Sturm und Drang und die romantische Philosophie aus (Herder, Goethe, Schelling, Hegel).

II. Die eine Substanz entfaltet ihr Wesen in unendlich vielen Attributen. Nur die beiden Attribute Körperlichkeit (extensio) und Bewußtheit (cogitatio) sind für uns erkennbar

1. Die Attribute sind nicht subjektive Erscheinungen für den vorstellenden Verstand, sondern objektive Realeigenschaften. Sie kommen der Substanz »an sich« zu.
2. Die reale Existenz der Substanz mit ihren unendlich vielen Attributen wird erwiesen durch ihr Vorgestelltsein im Bewußtsein. Die Voraussetzung für diesen Satz ist die Entsprechung von Denken und Sein: ein typisches Beispiel dafür, welche Stellung der Dogmatiker und Metaphysiker Spinoza zur Erkenntnistheorie einnimmt.
3. Die Eigenschaften der Substanz sind ewig. (Unter ewig ist nicht eine endlose Dauer, sondern die Notwendigkeit zu verstehen, ähnlich wie man in der Mathematik von »ewigen Eigenschaften« z. B. des Dreiecks spricht).
4. Die Attribute der Substanz verlaufen parallel. Dieser Standpunkt wird als Parallelismus bezeichnet.
5. Im Gegensatz zum Neuplatonismus ist nach Spinoza die Substanz um so vollkommener, je mehr Attribute sie hat.

III. Modi sind bloße endliche Ausdrucksformen der Substanz. Die Einteilung der Modi in die der Ausdehnung und des Denkens entspricht der Ordnung der Attribute

1. Die Modi sind nicht Teile der Substanz. Da die Substanz (als Begriff) unteilbar ist, sind Modi als bloße Momente (vorübergehende Ausdrucksformen) der Substanz anzusehen. Während die Gesamtheit der Einzelmenschen die Menschheit ausmacht, läßt sich aus der Gesamtheit der Einzelmodi die Substanz nicht zusammensetzen. »Substantia est prior affectionibus.«
2. Jeder Modus hat seine Ursache in einem anderen Modus desselben Attributes und so fort bis ins Unendliche. Beispiel: Die Bewegung der Billardkugel A hat ihre Ursache in dem Anstoß durch eine Billardkugel B; dieser Anstoß hat seine Ursache in einer Bewegung der Kugel C usw. Einwirkungen sind nur möglich innerhalb desselben Attributes.
3. Die Kausalkette, durch welche die Modi verknüpft sind, ist streng mechanisch. Das gilt nicht nur für die Modi des Attributs Ausgedehntheit, sondern auch für die Modi des Attributs Bewußtheit. Damit wird die teleologische Weltauffassung radikal verworfen.
4. Diese mechanische Naturauffassung, von Demokrit begründet, wird von Galilei erneuert. Descartes und Hobbes stehen gleichfalls auf diesem Boden.
5. Der Gesamtzusammenhang aller Modi wird als »unendlicher Modus« bezeichnet. Er wird weiter »natura naturata« genannt im Gegensatz zur »natura naturans«, der Substanz.
6. Eine Schwierigkeit des Systems liegt in der Ableitung der Modi aus der Substanz. In Wirklichkeit sind die Modi der Erfahrung entnommen und von Spinoza nicht als notwendig aus der Substanz deduziert.

B. Anthropologie

I. Die Attribute der Substanz verlaufen parallel. Daher entspricht jedem Modus des Attributs A ein solcher des Attributs B, d. h. Ideenwelt und Körperwelt sind parallel. („Ordo et connexio rerum idem est ac ordo et connexio idearum") (Psychophysischer Parallelismus)

1. Der Mensch ist z. B. ein Modus der Substanz, nach den Attributen der Körperlichkeit und der Bewußtheit. Jedem Gehirnvorgang läuft ein seelischer Prozeß parallel. So wird die Seele als »Idee des Körpers« bezeichnet, d. h. das Ideelle zum Materiellen.
2. Spinoza hat dabei nicht berücksichtigt, daß auch die Vorstellung selbst wieder vorgestellt wird usw. (idea ideae).
3. Im Gegensatz zu Spinozas psychophysischem Parallelismus befindet sich Descartes' Lehre von der psychophysischen Wechselwirkung. Im 19. Jahrhundert kehrte man zur Theorie des psychophysischen Parallelismus zurück, weil durch die Aufstellung des Gesetzes von der Erhaltung der Energie nur auf diese Weise ein geschlossener Kausalzusammenhang ohne Energieverlust möglich war.
4. Da jedem körperlichen Modus ein geistiger (seelischer) entspricht, so ist alles beseelt (Panpsychismus, »Omnia quamvis diversis gradibus animata sunt«).
5. Es gibt keine Freiheit des Willens.

II. Es gibt drei Stufen der Erkenntnis a) sinnliche Wahrnehmung, b) mathematisch-demonstrative Erkenntnis, c) Intuition

1. Die sinnliche Wahrnehmung (imaginatio) entsteht durch Einwirkung des ideellen (geistigen) Modus des wahrgenommenen Objektes auf die Seele. Dadurch, daß sich also das Fremde mit dem Eigenen mischt, wird die sinnliche Wahrnehmung konfus (inadäquat). Solche verworrenen Erkenntnisse sind

a) die spezifischen Sinnesqualitäten (Farben, Töne, Gerüche usw.),

b) die mechanischen Qualitäten (Schwere, Härte usw.),
c) Zeit.

Von der Sinnlichkeit bleibt nur noch das räumliche Moment stehen. Alles andere ist wegrationalisiert. Die Naturauffassung ist rein mathematisch-zeitlos.

2. In der Intuition sieht Spinoza die höchste Form der Erkenntnis. In ihr wird die universale Substanz »sub specie aeternitatis« (unter dem Gesichtspunkt der Ewigkeit) betrachtet.

C. Affektenlehre und Ethik

I. Affekte sind Vorstellungen (Ideen) von Steigerungen oder Minderungen der Existenzmöglichkeit des Menschen. Sie begleiten danach physische Veränderungen und umgekehrt

1. Zu unterscheiden sind aktive und passive Affekte. Auffallend ist der Intellektualismus Spinozas, der in Affekten Vorstellungen sieht.
2. a) Passive Affekte werden zurückgeführt auf äußere Ursachen. b) Aktive Affekte entstehen durch Selbsttätigkeit des Geistes. Daher sind sie als adäquate Ideen nicht konfus wie die passiven.
3. Der aktive Hauptaffekt ist die fortitudo (Tapferkeit), das Streben nach aktiver Selbstbehauptung. Unteraffekte sind animositas (Streben nach eigener Förderung) und generositas (Streben nach Förderung anderer).
4. Die Freiheit, die durch Annahme der aktiven Affekte erfordert wird, sprengt das in seinen Grundlagen naturalistische System Spinozas.
5. Die drei primären Affekte sind Freude, Trauer, Begierde. Alle übrigen lassen sich aus diesen ableiten.

II. Gut ist das Streben, das eigene Sein zu erhalten (suum esse conservare), also das Streben nach Macht, schlecht ist das Gegenteil

Unter dem Sein versteht Spinoza zuletzt die Vernunft.

III. Die höchste Stufe des Handelns ist die Erhebung auf die höchste Stufe der Erkenntnis und die Leitung durch diese Erkenntnis

1. Die höchste Erkenntnis ist die intuitive Erkenntnis Gottes (Substanz) »sub specie aeternitatis«, an die sich der Affekt der Liebe zu Gott knüpft.
2. Durch diese intellektuelle Liebe zu Gott (amor dei intellectualis) gewinnt der Geist Ewigkeit; individuelle Unsterblichkeit widerspricht dem spinozistischen System.

D. Staatsphilosophie

I. Die unvernünftigen Affekte machen den Staat notwendig

1. Der ursprüngliche Zustand ist nach Spinoza wie nach Hobbes der Krieg aller gegen alle (bellum omnium contra omnes), entstanden aus dem ursprünglichen Recht aller auf alles. Zum Schutze von Person und Eigentum werden die individuellen Rechte der Gesamtheit übertragen (Staatsvertragstheorie).

II. Endzweck des Staates ist die Ermöglichung der freien Selbstbetätigung der Individuen (Rechtsstaat)

1. Spinoza lehnt die absolute Monarchie ab. Staatsideal ist die Demokratie. Im Gegensatz zu Hobbes ist die Machtübertragung der Gesellschaft auf den Herrschenden nicht als endgültig gedacht. Das Recht auf Revolution muß gewahrt bleiben.

Überblick

Hinsichtlich des Ursprungs der Erkenntnis ist Spinoza Rationalist. Die Darstellung der Metaphysik geschieht »more geometrico« (in geometrischer Art, d. h. es werden zunächst Definitionen und Axiome aufgestellt, dann Lehrsätze, die wie mathematische bewiesen werden).

Erkenntnistheoretisch ist Spinoza ausgesprochener Realist. Sein Realismus hängt mit dem Rationalismus zusammen. Er wird von Kant als Dogmatismus bezeichnet.

Metaphysisch ist sein System Monismus, der die Mitte hält zwischen Idealismus und Materialismus, zwischen Leibniz und Hobbes. Ausdrücklich ist zu betonen, daß sich bei Spinoza kein Materialismus findet, wohl aber Naturalismus, infolge der universellen Geltung der mechanischen Naturkausalität.

Die Naturauffassung ist streng mechanisch. Die Verbindung der religiösen Komponente mit dem Geist der streng mechanischen modernen Naturwissenschaft gibt dem spinozistischen System sein eigentümliches Gepräge. Jede Teleologie wird scharf abgelehnt. Da die geistige Wirklichkeit an die physische gekettet ist, teilt sie die mechanische Kausalität (Naturalismus).

Psychologisch vertritt Spinoza die Theorie des psychophysischen Parallelismus und lehnt die Willensfreiheit radikal ab.

Ethisch ist er Naturalist und Individualist.

Theologisch vertritt er den Pantheismus, indem er die Immanenz von Gott und Welt betont. Ferner ist sein System Akosmismus (Weltlosigkeit) genannt worden, weil die eigentliche Realität nur der Universalsubstanz (natura naturans) und nicht der Welt als Gesamtheit der Einzelerscheinungen (natura naturata) zukommt, ein Radikalismus, der an die eleatische Lehre erinnert.

4. Leibniz

Leben: *1646 in Leipzig. Schon als Knabe erwirbt er sich eine umfassende Kenntnis der antiken, mittelalterlichen und neuscholastischen Philosophie (Suarez), die seine ersten eigenen Gedanken bestimmt. Er tritt in die Dienste des Mainzer Kurfürsten Johann Friedrich von Schönborn, 1676 in die des Herzogs Johann Friedrich von Hannover. Durch Sophie Charlotte von Brandenburg kommt er nach Berlin und gründet hier 1700 die Akademie der Wissenschaften. † 1716 in Hannover.

Leibniz gilt nach Aristoteles als größter Polyhistor. Seine Arbeiten erstrecken sich auf die Gebiete der Philosophie, Jurisprudenz, Physik, Mathematik (Erfinder der Differentialrechnung), Geschichte. Zu einer systematischen Darstellung seiner Lehre ist er nicht gekommen.

Werke: 1695 Système nouveau de la nature et de la communication des substances. — 1704 Nouveaux essais sur l'entendement humain (Erkenntnistheorie gegen Locke, erst 1765 posthum veröffentlicht). — 1710 Essai de Théodicée sur la bonté de Dieu, la liberté de l'homme et l'origine du mal. — In kürzeren Aufsätzen und Abhandlungen findet sich außerdem seine Lehre dargestellt, besonders in der »Monadologie« (1714).

A. Metaphysik

Auch die Metaphysik Leibniz' geht vom Substanzproblem aus. Sie lehnt jedoch die mechanische Naturauffassung ab und kehrt zur Teleologie zurück. Das Kraftmoment erhält neue Geltung.

I. Die Welt besteht nicht aus einer, sondern aus unendlich vielen Substanzen, die Monaden genannt werden (Pluralismus)

1. Ausgehend vom Atombegriff Gassendis, der die antike Atomistik erneuert, kommt Leibniz zum Begriff der Monade (μόνας = Einheit), indem er den Atomen a) die räumliche Ausdehnung nimmt, b) sie spiritualisiert.
   Monaden sind »metaphysische Punkte«.
2. Die einheitliche Substanz Spinozas wird bei Leibniz eine zusammengesetzte Größe. Dieser Pluralismus steht im Gegensatz zum Singularismus der Eleaten und Spinozas.
3. Bei einem Vergleich zwischen Atomen und Monaden ergibt sich folgender Unterschied:

Atome	Monaden
a) qualitativ gleich	qualitativ verschieden
b) ausgedehnt	unausgedehnt
c) nicht vorstellend	vorstellend.

4. Monaden können auf natürlichem Wege weder entstehen noch vergehen. (Seelenmonaden kommt daher Unsterblichkeit zu.)

II. Die Monade ist ihrem Wesen nach Kraft, aus der das gesamte Geschehen an der Monade hergeleitet wird. Jede Monade ist völlig autark. Einwirkungen der Monaden aufeinander sind ausgeschlossen (Dynamismus)

1. Leibniz steht damit im Gegensatz zu Descartes, der Masse und Ausdehnung gleichsetzt und das Kraftmoment eliminiert. Leibniz wendet ein, daß das mechanische Geschehen nicht ins Unendliche zurückgeleitet werden dürfe, sondern daß die Realgründe des Geschehens in der Substanz selbst liegen müssen.
2. Durch Zugrundelegung der Kräfte wird die mechanische transeunte Kausalität ausgeschaltet und durch die immanente ersetzt.
3. Damit kehrt Leibniz zu der organischen (teleologischen) Auffassung des Aristoteles (Entelechie) zurück, die das ganze Mittelalter beherrscht hatte und erst durch Galilei verdrängt worden war.
4. Im Gegensatz zu Aristoteles nimmt Leibniz nicht dingbegriffliche Zweckkräfte, sondern individuelldingliche an, d. h. es gibt unendlich viele individuelle Kräfte, während nach Aristoteles nur soviele Zweckkräfte existieren, als es Gattungsbegriffe gibt.
5. Zum Begriff der Substanz gehört die Selbständigkeit. Daraus folgt analytisch, daß jede Einwirkung der Monaden aufeinander ausgeschlossen ist. »Die Monaden haben keine Fenster.«
6. Die Monade ist ein unkörperlicher Automat (automaton spirituale).
7. Jede Monade ist qualitativ von jeder anderen unterschieden. Als Begründung dient das typisch rationalistische »principium identitatis indiscernibilium« (Prinzip der Identität des nicht Unterscheidbaren). Danach würden Monaden mit gleichen Eigenschaften, die begrifflich nicht unterschieden werden können, auch real zusammenfallen. (Die raum-zeitliche Verschiedenheit sonst gleicher Monaden wird von Leibniz als bloßes Phänomen betrachtet.) So würden z. B. zwei Wassertropfen mit völlig gleichen Eigenschaften identisch sein.

Indem Kant Raum und Zeit als Individuationsprinzipien betrachtet, hat er die Möglichkeit, die phänomenale Welt von der noumenalen (gedachten) zu scheiden. Die Wassertropfen wären raum-zeitlich verschieden.

III. Die Monaden sind geistige Realitäten (Spiritualismus). Ihre Tätigkeit besteht im Vorstellen (Intellektualismus)

1. Diese Vorstellungen sind Vorstellungen von dem Entwicklungsziel der Monade. Das ganze Weltgeschehen besteht in dem Übergang von einer Zweckvorstellung zur nächst höheren, der in jeder Monade stattfindet. Mit dem neuen Zustand der Monade wird die Entwicklungstendenz weitergeschoben.

   Diese Zweckvorstellungen werden von Leibniz intellektualistisch mit den Zwecktendenzen selbst identifiziert.
2. Jede Monade nimmt ihre bestimmte Stelle im Universum ein. Sie verwirklicht das in ihr angelegte Entwicklungsziel und stellt zugleich die Gesamtheit aller Monaden vor, ist ein »Spiegel des Universums«.
3. Die idealistische Entwicklungsreihe, die ihren Anfang bei Heraklit nimmt, in Plato ihren klassischen Höhepunkt erreicht, zählt Leibniz zu einem ihrer bedeutendsten Glieder (vgl. Plato und Hegel). Der Neukantianismus sieht in Leibniz einen Vorläufer Kants.
4. Wie bei Leibniz findet sich auch bei Descartes und Spinoza Intellektualismus.

IV. Da alle Monaden geistige (und zwar vorstellende) Wesen sind, liegen ihre (graduellen) Unterschiede nur in der verschiedenen Klarheit und Deutlichkeit der Vorstellungen (Monismus)

1. Der Unterschied zwischen Belebtem und Unbelebtem, Beseeltem und Anorganischem ist nur relativ (graduell). (Im Gegensatz dazu steht Descartes' Dualismus, der in Körper und Geist schroffe Gegensätze sieht und dem Menschen eine Sonderstellung in der Welt zuschreibt.)

2. Das Universum ist ein Stufenreich, das von der niedersten Monade, deren Vorstellungen unbewußt, dunkel und verworren sind, bis zur göttlichen Monade aufsteigt. Das Stufenreich umfaßt:
a) die »materiellen« Monaden (genauer die Monaden, die im An-sich den materiellen Erscheinungen zugrundeliegen). Ihre Vorstellungen sind dunkel und verworren (perceptions insensibles);
b) die tierischen Monaden, die zwar klare, aber verworrene Vorstellungen haben (perceptions confuses);
c) die geistigen Monaden, die klar und deutlich vorstellen (apperceptions).

Klar ist eine Vorstellung, wenn sie sich von anderen Vorstellungen abhebt (Gegensatz: dunkel). Deutlich ist eine Vorstellung, wenn ihre Teile voneinander abgehoben sind (Gegensatz: verworren). Unbewußte Vorstellungen sind dunkel und verworren (perceptions insensibles, petites perceptions).
3. Im Neuplatonismus findet sich ein ähnliches Stufenreich von Vollkommenheiten.
4. Leibniz ist damit objektiver Idealist (wie Plato und Hegel). Auch die »materiellen« Monaden sind geistig. Im Gegensatz dazu steht Berkeleys subjektiver Idealismus.

V. Die universale göttliche Zentralmonade hält die unendlich vielen einzelnen Monaden zusammen und gibt ihnen die einheitliche Richtung. So entsteht die „prästabilierte Harmonie“ der Monaden

1. Jede Monade verwirklicht nur ihr individuelles Entwicklungsziel. Durch die prästabilierte Harmonie wird erreicht, daß alle gemeinsam das universale Entwicklungsziel, die Welt, verwirklichen.
2. Der Begriff der prästabilierten Harmonie schließt in sich den einer immanenten Teleologie.
3. Leibniz betrachtet die göttliche Zentralmonade im Widerspruch zu seinen metaphysischen Grundlagen als

außer- und überweltlich. Eine ähnliche Inkonsequenz findet sich beim aristotelischen Gottesbegriff.

4. Zur Veranschaulichung der prästabilierten Harmonie verwendet Leibniz das Uhrengleichnis, das sich bereits bei Geulincx findet.
5. Wenn Leibniz die einzelnen Monaden »Effulgurationen« (Ausstrahlungen) Gottes nennt, so ist das eine Inkonsequenz, die der Lehre von der Selbständigkeit der Substanzen widerspricht (vgl. Plotin).

VI. Die von Gott geschaffene Welt ist die beste aller möglichen. Das tatsächliche Vorhandensein von Übeln in der Welt ist kein Einwand gegen ihre Vollkommenheit (Optimismus)

1. Die faktische Welt stellt einen Spezialfall aller möglichen dar; sie ist die beste. Wäre eine bessere möglich, so hätte Gottes Weisheit sie erkennen, seine Güte sie wollen und seine Allmacht sie schaffen müssen (rationalistisch-deduktiver Beweis).
2. Theodizee (Rechtfertigung Gottes). Es gibt drei Arten von Übeln:

a) das metaphysische Übel. Es besteht in der Endlichkeit der Monaden. Der Weltzweck ist nicht das Glück der Einzelwesen, sondern die Vollkommenheit des Ganzen. Das metaphysische Übel ist notwendig mit der Weltschöpfung verbunden;

b) das physische Übel (Leiden, Schmerz) ist zugelassen zum Zweck der Erziehung;

c) das moralische Übel (Sünde) hat die Aufgabe, das Gute als Gegensatz hervorzurufen.

Physisches und moralisches Übel gehen zuletzt auf das metaphysische Übel zurück.

3. Bayle bekämpft den Optimismus von Leibniz. In schroffem Gegensatz zu Leibniz spricht Schopenhauer von der Welt als der schlechtesten aller möglichen.

B. Erkenntnistheorie

I. Die Seele ist keine „tabula rasa". Es gibt virtuell (keimhaft) angeborene Begriffe (Apriorismus)

a) logischer b) metaphysischer c) ethischer Art.

1. Der Apriorismus findet sich zuerst bei Plato. Die Entwicklung geht über Descartes und Spinoza zu Leibniz-Wolff. Kants wesentliches Verdienst liegt in der Begründung des Apriori als notwendiger Bedingung unserer Erkenntnis.
2. Leibniz polemisiert gegen Lockes Empirismus. Angeborene Vorstellungen sind das spezifische Eigentum des Intellekts. Durch Apperzeption werden bis dahin unbewußte Vorstellungen bewußt. Der Lockesche Satz: »Nihil est in intellectu, quod non prius fuerit in sensu« wird ergänzt durch den Zusatz »nisi intellectus ipse« (ausgenommen der Verstand selbst).
3. Die Annahme einer bloßen Virtualität angeborener Ideen läßt sich als eine Korrektur des Apriorismus betrachten.

II. Arten der Wahrheiten. Es gibt notwendige und tatsächliche Wahrheiten („vérités de raison" und „vérités de fait"). Die notwendigen Wahrheiten gehen auf angeborenen Vernunftbesitz zurück (angeborene Ideen)

1. Notwendige Wahrheiten. Ihr Gegenteil ist unmöglich. Sie gründen sich auf dem Prinzip des Widerspruchs. Ideal ist, durch Kombination der apriorischen Begriffe zu einer vollkommenen Erkenntnis (mathesis universalis) zu gelangen.
2. Tatsachenwahrheiten. Sie sind zufällig, induktiv gewonnen, haben nur relative Allgemeinheit. Ihr Gegenteil ist möglich. Sie gründen sich auf dem Prinzip des zureichenden Grundes. Im Erkennen Gottes, der die Unendlichkeit von Bedingungen übersehen kann, fallen beide Arten von Wahrheit zusammen. (Vgl. Locke-Hume.)
3. Das Prinzip des zureichenden Grundes, eines der logischen Grundgesetze, ist von Leibniz zuerst aufgestellt worden.
4. Cassirer sieht in Leibniz einen Vorläufer Kants. Damit stellt er dessen Erkenntnistheorie in den Vordergrund.

C. Die übrigen Disziplinen

I. Die konstituierenden Faktoren der Naturwirklichkeit. Die Materie besteht an sich aus einem Aggregat von nicht ausgedehnten Monaden. Ihre Erscheinungsweise in Raum und Zeit, ebenso die Bewegung liegt in der sinnlichen Erkenntnisart begründet, ist ein „phaenomenon bene fundatum" (wohlgegründete Erscheinung)

1. Raum ist an sich gedankliches Ordnungssystem des zugleich Existierenden, Zeit des nacheinander Existierenden. Nur unserem verworrenen sinnlichen Vorstellen erscheint Raum und Zeit als kontinuierlich ausgedehnt.
2. Leibniz vollendet den Rationalisierungsprozeß, der die sinnlichen Gegebenheiten in zunehmendem Maße subjektiviert. Galilei streicht die spezifischen Sinnesqualitäten, Descartes auch die mechanischen, Spinoza die Zeit, Leibniz subjektiviert auch den Raum. An seine Stelle tritt der intelligible, diskrete Raum.
3. Im Gegensatz zu Leibniz versteht Newton unter dem Raum eine kontinuierliche Größe, einen leeren Behälter, der bereits vor den ihn erfüllenden Dingen existiert. Die Verschiedenheit der Raumauffassung beider Philosophen führte Kant auf das Problem der Antinomien, von dem er dann zur Subjektivität der Raumauffassung gelangte.

II. Die Seele ist die Zentralmonade der (ein Aggregat bildenden) „körperlichen" Monaden. Sie stellt die Zustände der leiblichen Monaden besonders klar vor und ist die den Körper leitende Entwicklungstendenz

1. Schon bei anorganischen Dingen findet sich eine solche zentrale Monade (vinculum substantiale = substanzielles Band). Sie hält die übrigen Monaden zusammen.
2. Die Seele ist als Monade ewig, unzerstörbar und von Anbeginn der Welt präformiert. Sie ist unsterblich, da sie unvergänglich ist und Selbstbewußtsein besitzt.
3. Die Seele ist stets mit einem Körper verbunden (wie auch nach Spinozas Auffassung). Im Gegensatz dazu ist nach

Descartes die Verbindung zwischen Körper und Seele einmalig und zufällig.

III. Der Wille ist determiniert. Leibniz unterscheidet drei Stufen:

a) Entwicklungstrieb (bei Pflanzen, anorganischen Dingen; dunkles und verworrenes Vorstellen).
b) Instinkt (Stufe des klaren, aber noch verworrenen Vorstellens).
c) Wille (Stufe des klaren und deutlichen Vorstellens).
1. Beim klaren und deutlichen Wollen haben wir das Bewußtsein der Freiheit. Prinzipiell ist auch dieses Wollen durch Motive bestimmt.

IV. Das natürliche Streben ist auf Erreichung von Lust gerichtet. Zugleich ist dieses Luststreben ein Streben nach Vollkommenheit

1. Auch hier findet sich der Unterschied zwischen sinnlich-verworrenem und vernünftigem Luststreben.
2. Ethisches Ziel ist dauernde Vollkommenheit. Diese besteht
a) in der höchsten Aufklärung des Verstandes (vgl. Aufklärungsphilosophie),
b) in der Leitung des Willens durch die Vernunft.

Überblick

Leibniz ist erkenntnistheoretisch Phänomenalist, Realist und Rationalist, psychologisch Intellektualist und Determinist, theologisch (trotz pantheistischer Grundlagen des Systems) Theist, naturphilosophisch (auf dem Boden der organischen Naturauffassung stehend) Teleologe.

5. Hobbes

Leben: Thomas Hobbes, * 1588 in Malmesbury (England), studiert an der nominalistischen Universität Oxford. Die mathematische Naturwissenschaft Galileis und Gassendis beeinflußt ihn. 1634 reist er nach Paris, wo er mit Anhängern

Gassendis bekannt wird, von dort nach Italien, wo er Galilei besucht. 1640—1651 lebt er in freiwilliger politischer Verbannung in Paris. Sein »Leviathan« bahnt ihm die Rückkehr in das von Cromwell beherrschte England. Nach der Restauration zieht ihm sein Atheismus Feindschaft zu. † 1679.

Werke: 1642 De cive (Staatsphilosophie). — 1651 Leviathan (Staatsphilosophie). — 1655 De corpore (Logik, Metaphysik, Naturphilosophie). — 1658 De homine (Anthropologie).

A. Metaphysik

I. Kosmologischer Materialismus. Die Objekte der Philosophie sind die Körper. Wirklich-sein und körperlich-sein ist identisch

1. Geister sind entweder nicht oder sie sind Körper.
2. Es gibt zwei Arten von Körpern
   a) das corpus naturale (der natürliche Körper),
   b) das corpus, das durch den Willen der Menschen konstituiert wird (Staat).
3. Hobbes' Materialismus ist aus Galileis Forschungsprinzip entstanden: Wirklich ist nur, was sich mathematisch exakt fassen läßt. Hobbes hat dieses naturwissenschaftliche Prinzip radikal auch auf die geistige Wirklichkeit angewandt.
4. Im Gegensatz zu anderen materialistischen Standpunkten, die das Geistige als Produkt, Funktion oder Begleiterscheinung des Physischen ansehen, bestreitet Hobbes das Geistige überhaupt.
5. Hobbes ist von der mechanisch-physiologischen Lehre Harveys beeinflußt, der die Lehre vom Blutkreislauf aufstellte.
6. Die materialistische Entwicklungsreihe beginnt bei Demokrit (wenn wir von dem Hylozoismus der Jonier absehen). Epikur und Lukrez sind weitere Vertreter im Altertum. In Frankreich führt Lamettrie (18. Jahrhundert) und Holbach den Materialismus fort, im 19. Jahrhundert sind in Deutschland Vogt, Büchner und Moleschott zu nennen.

II. Psychologischer Materialismus. Die grundlegenden Seelenvorgänge sind die Empfindungen. Sie sind an sich physische Vorgänge, Reaktionen des Zentralorgans

1. Gedächtnis und Phantasie werden auf Empfindung zurückgeführt. Ebenso das vernünftige Denken. Das Objektive an diesen Erscheinungen ist die physische Tätigkeit des Zentralorgans, des Herzens.
2. Das wissenschaftliche Ziel ist eine Mechanik der Empfindungsbewegungen.
3. Der antike Seelenmaterialismus ist im Gegensatz zu Hobbes

a) Hylozoismus (uneigentlicher Materialismus), wenn er naiv eine Beseelung der Materie annimmt,

b) dualistischer Materialismus, wenn er zwei Arten von Materie, eine grobe und feine unterscheidet (Demokrit, Epikur, Tertullian, Melanchthon).

Der moderne Materialismus, der mit Hobbes beginnt, kennt nur eine Art: die mechanische Materie.

B. Erkenntnistheorie

I. Erkenntnisquelle ist die Empfindung. Auch die Vernunft geht auf Empfindung zurück (Sensualismus)

1. Von entscheidendem Einfluß auf Hobbes war seine nominalistische Erziehung (vgl. Roscellin-Occam-Locke-Berkeley-Hume).

II. Erkenntnismethode ist die Ratio (Rationalismus)

1. Trotz der sensualistischen Erkenntnistheorie ist Hobbes methodologischer Rationalist. Er vereinigt in eigentümlicher Weise diese Gegensätze. Die methodischen Konstruktionsmittel der Wirklichkeitserkenntnis sind a priori, obwohl sie Abstraktionsprodukte sind, die aus der Wahrnehmung gewonnen werden.
2. Denken (Trennung und Vereinigung der Begriffe) ist bloßes Rechnen.

III. An den Körpern ist nur das real, was sich mathematisch-exakt fassen läßt (Subjektivität der Sinnesqualitäten)

1. Farben, Töne und Gerüche (subjektive Sinnesqualitäten) kommen den Körpern nicht zu.
2. Diese weitverbreitete Lehre findet sich zuerst bei Demokrit, ferner bei Galilei, Descartes, Spinoza und Locke.

C. Anthropologie

I. Determinismus. Der Mensch ist ein bloßer Mechanismus. Sein Wille ist nicht frei, sondern streng kausal determiniert

1. Der Wille ist die Reaktion des Individuums gegen äußere Einflüsse.
2. Das Freiheitsbewußtsein ist bloße Illusion, die sich aus der Unkenntnis der Willensmotive erklärt.
3. Spinoza ist gleichfalls Determinist. Im Gegensatz zu ihnen vertritt Descartes die Willensfreiheit. Kant und Schopenhauer lehren die Willensfreiheit des »intelligiblen Ich«, jedoch die Determiniertheit des empirischen Ich.

II. Affekte. Grundformen der Gefühle sind Streben und Widerstreben. Beide sind Zeichen des Selbsterhaltungstriebes

1. Gefühle sind im wesentlichen gleich mit Empfindungen. Es gibt sechs Grundaffekte

a) die anziehenden: Lust, Liebe, Begehren;
b) die abstoßenden: Schmerz, Abneigung, Furcht.

D. Staatsphilosophie

I. Gut ist das Objekt des Strebens, schlecht das Objekt des Widerstrebens. Im Naturzustand hat jeder ein Recht auf alles. Das bedeutet den Krieg aller gegen alle (bellum omnium contra omnes), da der Mensch von Natur aus nur einen egoistischen Trieb kennt (Naturalismus)

1. Gut und nützlich, schlecht und schädlich fallen zusammen. Selbsterhaltung ist das oberste Gut.

2. Den Gegensatz zu diesem Naturalismus bilden Theorien, die
a) im sittlichen Streben ein spezifisch anderes sehen, das allem übrigen Streben entgegengesetzt ist, z. B. Kants »guter Wille«,
b) die ursprüngliche Güte der Menschen behaupten, z. B. Rousseau.
3. In der Ethik der englischen Aufklärung wird neben dem egoistischen gewöhnlich ein »sympathischer« (altruistischer, sozialer) Trieb angenommen.

Auf gleichem Boden mit Hobbes stehen Spinoza und Schopenhauer.

II. Ein solcher Zustand ist für das nach Selbsterhaltung strebende Individuum unerträglich. Es entsteht auf Grund der Furcht der Individuen die Gesellschaft. Diese konstituiert in einem Vertrage den Staat (Staatsvertrag)

1. Die Machtübertragung ist im Gegensatz zur Lehre von Locke, Rousseau und Spinoza als endgültig gedacht (Gegensatz: Übertragung bis zur Zurücknahme, z. B. in der Demokratie).
2. Der Staatsvertrag zerfällt in die beiden Momente
a) Gesellschaftsvertrag (Vereinigung der Individuen),
b) Herrschaftsvertrag (Unterwerfung unter ein gemeinsames Haupt).
3. Soziale Triebe werden geleugnet. Es gibt nur den egoistischen Selbsterhaltungstrieb.
4. Omnipotenz des Staates. Der Vertrag hat nur Wert, wenn eine Macht zur Erzwingung der Vertragstreue vorhanden ist. Daraus erwächst die Forderung nach dem omnipotenten Staat, der möglichst in einer Person konzentriert ist.
5. Grundsätzlich erfüllt diese Bedingungen die Monarchie. Zugelassen sind jedoch auch Aristokratie und Demokratie.
6. Die Omnipotenz des Staates findet eine Schranke darin, daß niemand zur Selbstvernichtung oder zur Vernichtung Angehöriger gezwungen werden kann, da ja der Staat

wesentlich zum Zwecke der Erhaltung der Individuen existiert.

7. Macchiavelli und Bodin sind weitere Vertreter der Lehre von der Omnipotenz des Staates.
8. Der Staat ist die Quelle aller rechtlichen und sittlichen Normen, da es angeborene sittliche Ideen nicht gibt (Positivismus).
9. Positive Religion ist Aberglaube. Seine Rechtfertigung erhält er durch die staatliche Anerkennung. Der Staat hat das Recht, den Glauben zu bestimmen. (In der Forderung der Religion liegt ein Widerspruch zu Hobbes' Materialismus.)

Überblick

Hobbes ist erkenntnistheoretisch als Materialist Realist, hinsichtlich des Ursprungs der Erkenntnis methodologischer Rationalist (obwohl er erkenntnispsychologisch und erkenntnistheoretisch Sensualist ist und nominalistisch die Existenz angeborener Ideen bestreitet).

Metaphysisch vertritt Hobbes den radikalen reinen Materialismus, psychologisch einen entschiedenen Determinismus.

Ethisch ist er Naturalist und Positivist.

Theologisch: Atheist.

6. Deismus

I. Der Deismus versucht den rationalen Kern der positiven Religionen herauszuschälen. Eine Anzahl religiöser Grundwahrheiten wird angenommen

1. Der Begründer des Deismus ist Herbert v. Cherbury (1582—1648), weitere Vertreter Toland und Tindal.
2. Die Vernunft ist von sich aus imstande, vermöge angeborener Ideen zur Erkenntnis der wesentlichen religiösen Wahrheiten zu gelangen. Solche sind:

a) Es gibt ein höchstes Wesen.
b) Dasselbe soll angebetet werden.
c) Es gibt eine Vergeltung des Guten und Bösen.

3. Der ursprüngliche Deismus schließt die göttliche Offen-

barung noch nicht aus, sondern erklärt sie nur als überflüssig, da die Vernunft von sich aus die religiösen Wahrheiten entwickelt.

4. Erst der spätere Deismus bildet den spezifisch deistischen Gottesbegriff aus. Danach ist Gott an die von ihm selbst eingesetzte Weltordnung gebunden; Wunder (übernatürliches Eingreifen Gottes) sind also ausgeschlossen.
5. Der Deismus steht im Gegensatz zum Theismus (der ein Eingreifen Gottes in den Naturlauf für möglich hält), Pantheismus, der Gott und Welt gleichsetzt und Atheismus, der die Existenz Gottes leugnet.
6. Locke bestreitet die Existenz angeborener religiöser Ideen und wendet sich deshalb gegen den Deismus.

Dritter Abschnitt

Aufklärungsphilosophie

Unter Aufklärung verstehen wir die Richtung, die die Philosophie für den Dienst des praktischen Lebens nutzbar macht. Sie stellt Vernunftideale auf für das religiöse, politische, soziale und wirtschaftliche Gebiet und strebt eine Befreiung von kirchlicher und staatlicher Autorität an. Die Aufklärungsphilosophie nimmt ihren Ausgang von England und verbreitet sich dann über Frankreich und Deutschland.

A. Englische Aufklärung

1. Locke

Leben: John Locke, * 1632 in Wrington bei Bristol, studierte auf der nominalistischen Universität Oxford Medizin und Naturwissenschaften. Er war Erzieher des jungen Grafen Shaftesbury und bekleidete höhere Stellungen im Staatsdienst. Nach der Revolution von 1688 wurde er von Wilhelm III. zu politischen Ämtern herangezogen. † 1704.

Werke: 1689 Two treatises on government (Staatsphilosophie). — 1690 Essay concerning human understanding

(Erkenntnistheorie). — 1695 The reasonableness of Christianity (Religionsphilosophie).

A. Erkenntnistheorie

I. Es gibt keine angeborenen Ideen, a) auf theoretischem Gebiet

Die allgemeinsten theoretischen Grundsätze, z. B. der Satz der Identität A = A, der Satz des Widerspruchs A = nicht non—A, finden sich noch nicht bei Kindern und einfachen Menschen. Das Kind weiß, daß süß nicht bitter ist, lange bevor es den Satz des Widerspruchs einsieht;

b) auf praktischem Gebiet

Beweis sind für Locke die großen Differenzen der geltenden moralischen Grundsätze.

Das Gewissen geht nicht auf angeborene moralische Grundsätze, sondern auf Erziehung, Umgang und Landessitten zurück.

c) auf religiösem Gebiet

Es zeigt sich, daß nicht alle Völker die Gottesidee haben. Wo sie sich findet, tritt sie in verschiedener Gestalt auf. Selbst wenn alle die gleiche Gottesidee hätten, wäre die Annahme eines Angeborenseins nicht notwendig. Sie ließe sich als erschlossen erklären.

1. Locke wendet sich auch gegen die Annahme, daß die angeborenen Ideen in der Seele latent seien, als Möglichkeiten bereitstehen und erst mit zunehmender Entwicklung bewußt würden. Die bloße Fähigkeit, zu apriorischen Sätzen zu gelangen, bedeutet für Locke nicht die Apriorität der Sätze selbst.
2. Im Gegensatz zu Locke behauptet Leibniz, daß es virtuelle (latente) Aprioritäten gäbe. In diesem Sinne ergänzt er den Lockeschen Satz »nihil est in intellectu, quod non fuerit in sensu« durch den Zusatz »nisi intellectus ipse«.

3. Auf religiösem Gebiet steht Locke im Gegensatz zum Deismus Herberts von Cherbury, der einen Grundbestand religiöser Wahrheiten in der Vernunft voraussetzt.

II. Alle Erkenntnis stammt aus der Erfahrung (Empirismus)

1. Bevor wir erkennen, müssen wir »die Art und Weise, wie der Verstand zu seinen Begriffen von Objekten gelangt, erklären, den Grad der Gewißheit unserer Erkenntnis bestimmen, die Grenzen zwischen Meinen und Wissen erforschen und die Grundsätze untersuchen, nach welchen wir in Dingen, wo keine gewisse Erkenntnis stattfindet, unseren Beifall und unsere Überzeugung bestimmen sollten«.
2. Der Empirismus betrachtet im Gegensatz zum Rationalismus die Erfahrung als alleinige Erkenntnisquelle und leugnet damit die in der Vernunft liegenden angeborenen Ideen (Apriori).
3. Der Empirismus knüpft an den mittelalterlichen Nominalismus an (Wilhelm von Occam).
4. Der Empirismus von Locke wird durch Berkeley und Hume fortgesetzt und verschärft, von Condillac zum Sensualismus umgewandelt. Der moderne Positivismus (Mill, Mach, Avenarius) ist eine Weiterführung.
5. Kant bekämpft den Empirismus Lockes. Damit, daß alle unsere Erkenntnis mit der Erfahrung beginnt, ist noch nicht gesagt, daß sie aus der Erfahrung stammt. Es sind vielmehr apriorische Voraussetzungen anzunehmen, die die Erfahrung erst ermöglichen, z. B. Raum, Zeit, Kausalität Substanz.
6. Zur Kritik des Lockeschen Verfahrens ist besonders von neukantischer Seite betont worden, daß Locke empirisch-psychologisch die Entstehung der Erkenntnis untersucht, erst von da aus ihre Geltung.
7. Die menschliche Seele ist vor der Erkenntnis eine »tabula rasa« (»ein Stück weißes Papier«), die erst durch die Erfahrung beschrieben wird wie eine Kamera. Damit wird die reine Rezeptivität und Passivität der Seele behauptet im Gegensatz zur Spontaneïtät.

III. Innerhalb der Erfahrung unterscheidet Locke Sensation und Reflektion (äußere und innere Erfahrung)

1. Die Sensationen (sensus = Sinn) vermitteln uns die Erfahrung der äußeren Welt (z. B. Geruchs-, Farb-, Toneindrücke).
2. Die Reflektionen (reflectere = zurückwenden, d. h. auf das erkennende Subjekt) vermitteln uns die innerseelische Welt der Vorstellungen und Willensakte. Durch sie erkennt die Seele ihre eigenen Tätigkeiten.
3. Die Unterscheidung in Sensationen und Reflektionen findet sich bereits im Nominalismus (Wilhelm von Occam). Wirksam wurde sie erst durch Locke.
4. Condillac führt dann noch weitergehend auch die Reflektionen auf Sensationen zurück. Ähnlich verfährt der moderne Positivismus von Mach-Avenarius, der Empfindungsakt und Empfindungsinhalt verwechselt (z. B. vorgestelltes Rot und Vorstellung der Röte).
5. Die Unterscheidung Sensation-Reflektion ist das erkenntnistheoretische Gegenstück zur metaphysischen Scheidung von Geist und Körper, die sich bei Descartes findet.
6. Hume übernimmt die Lockesche Trennung von Sensation und Reflektion und kreuzt sie mit der von Impressionen (Wahrnehmungsvorstellungen) und Ideen (reproduzierte Vorstellungen).

IV. Zu unterscheiden sind primäre und sekundäre Sinnesqualitäten. Primäre Qualitäten kommen den Dingen selbst zu, sekundäre sind nur subjektiv, d. h. nur in der Empfindung

1. Primäre Qualitäten sind Ausdehnung, Gestalt, Bewegung und Ruhe.
2. Sekundäre Qualitäten sind Farben, Töne, Gerüche, Geschmäcke, Wärmequalitäten.
3. Während die primären Qualitäten den Dingen der Außenwelt selbst zukommen, liegen den sekundären Qualitäten in den Dingen selbst nur Kräfte zugrunde, solche Empfindungen in uns hervorzurufen. So ist z. B. der Apfel

nicht selbst rot, sondern hat nur die Fähigkeit, in uns die Empfindung rot zu bewirken.

4. Voraussetzung für diese Unterscheidung ist die Lehre, daß die Empfindungen durch Dinge an sich in uns erzeugt werden und zwar durch Bewegungen, die von den Dingen an sich ausgehen.
5. Das Recht zu dieser Unterscheidung wird von Locke darin gesehen, daß die primären Qualitäten und ihre Wirklichkeitsbedeutung durch die Wahrnehmung zweier Sinne verbürgt ist, während die sekundären Qualitäten jeweils nur durch ein Sinnesorgan vermittelt werden können (wie auch bei Leibniz und Kant den mathematisch fixierbaren Qualitäten wegen ihrer größeren Präzisierbarkeit höhere erkenntnistheoretische Bedeutung zugesprochen wird).
6. Eine Erweiterung der Lockeschen Lehre finden wir bei Leibniz, der auch Raum, Zeit und Bewegung subjektiviert, ferner bei Kant, nach dem die ganze Erscheinungswelt »subjektiv« ist.
7. Im Altertum vertritt bereits Demokrit die Lehre von der Subjektivität der Sinnesqualitäten. In der Neuzeit wird sie von Galilei erneuert. Descartes und Spinoza sind in diesem Zusammenhang zu nennen. Descartes hält auch die mechanischen Qualitäten (Schwere, Härte und Undurchdringlichkeit der Materie) für subjektiv, Spinoza darüber hinaus auch die Zeit.

V. Der Verstand ist kein schöpferisches Vermögen. Seine Aufgabe beschränkt sich auf Sammlung und Bearbeitung von Erfahrungsmaterial

1. Durch Anwendung der Verstandestätigkeit auf das Erfahrungsmaterial entstehen aus den einfachen die komplexen Ideen.
2. Unterschieden werden drei Arten von komplexen Ideen
   a) Substanzen,
   b) Relationen,
   c) Modi.

   (Man kann in dieser Einteilung Ansätze zu einer Kategorientafel sehen, wie sie später von Kant und Hegel ausgebildet wird.)

3. Lockes Lehre vom Verstand steht in schroffem Gegensatz zum Rationalismus und zu Kant, die dem Verstand schöpferische Kraft (Spontaneïtät) zuschreiben. Der Rationalismus vor Kant sieht in dem Verstand sogar die alleinige Erkenntnisquelle.
4. Bezeichnend für Lockes Lehre vom Verstand ist der altnominalistische Satz »Nihil est in intellectu, quod non prius fuerit in sensu« (Nichts ist im Verstand, was nicht vorher in den Sinnen war).
5. Mit Locke beginnt die Kritik des Substanzbegriffes. In der Erfahrung finden wir in vielen Fällen gewisse Vorstellungen stets verbunden. Daraus erschließen wir ihre Zusammengehörigkeit. (Z. B. beim Apfel; Süße, Härte, Röte usw.) Die Substanz ist der unbekannte Träger dieser Eigenschaften, der lediglich hinzugedacht wird. Erkennbar ist nur die Summe der Eigenschaften. Locke bestreitet jedoch noch nicht die Realität des Substanzbegriffes, wie es später Berkeley und Hume in konsequenter Anwendung des empiristischen Prinzips tun.

VI. Locke unterscheidet wirklichkeitsfreie und wirklichkeitsbezogene Wahrheiten

1. Empirische Sätze beziehen sich auf eine Wirklichkeit, die außerhalb unseres Denkens liegt (z.B. der Baum ist grün).
2. Moralische und mathematische Sätze machen nur Aussagen über Verhältnisse von Ideen, die in unserem Geiste liegen (immanente Wahrheit).
3. Locke sichert durch die Einführung einer wirklichkeitsfreien Wahrheit den mathematischen Sätzen apodiktische (unbedingte) Geltung. (Ein konsequenter Empirismus müßte diese bestreiten.)
4. Bei Hume findet sich ebenfalls die Unterscheidung zwischen Tatsachenwahrheiten und Beziehungswahrheiten.
5. Im Gegensatz zu Locke und Hume führt Mill auch die mathematischen Sätze konsequent auf Erfahrung zurück, womit sie prinzipiell ihre unbedingte Gültigkeit verlieren.

B. Die übrigen Disziplinen

I. Locke ist hervorragender Vertreter des Liberalismus

1. Im Gegensatz zu Hobbes ist für Locke der gesellschaftliche Urzustand nicht der Krieg aller gegen alle.
2. Die Individuen schließen sich auf Grund vernünftiger Überlegung zur Gesellschaft zusammen (Staatsvertragstheorie). Die Staatsgewalt geht vom Volke aus.
3. Die Staatsgewalt wird eingeteilt in die
   a) gesetzgebende,
   b) exekutive,
   c) föderative Gewalt.
4. Die Aufgabe des Staates ist es, die Rechtssicherheit der in ihm vereinigten Individuen zu garantieren (Rechtsstaat).
5. Die Staatstheorie Lockes war von großem Einfluß nicht nur auf theoretischem, sondern auch auf praktisch-politischem Gebiet. Montesquieus Lehre von der Gewaltenteilung sowie sein Ideal der konstitutionellen Monarchie ist von Locke beeinflußt ferner Rousseau, dem die Staatsvertragstheorie gewöhnlich zugeschrieben wurde.
6. Die individualistisch-liberale Staatstheorie steht im Gegensatz zur organischen, nach der das Ganze früher ist als seine Teile. Die organische Staatstheorie wurde von Aristoteles begründet und erlangte besonders im Zeitalter der Romantik große Bedeutung (Schelling, Hegel, Savigny und Schlegel).

II. Locke unterscheidet in seiner Religionsphilosophie übervernünftige und widervernünftige Sätze. Er lehnt die letzteren ab

1. Hierin zeigt sich eine Verwandtschaft mit Leibniz und dem Deismus.
2. Die nominalistische Trennung von Glauben und Wissen bildet eine Voraussetzung zu dieser Lehre.
3. Die natürliche Religion stimmt mit dem ursprünglichen Christentum überein (»reasonableness of Christianity«).

2. Berkeley

Berkeley stellt sich auf den Boden des Lockeschen Empirismus.

Leben: * 1685 in Irland, als Missionar auf den Bermudas-Inseln tätig, seit 1734 Bischof von Cloyne, † 1753.

Werke: 1710 Treatise concerning the principles of human knowledge (Hauptwerk). — 1713 Drei Dialoge zwischen Hylas und Philonous.

I. Ausgehend vom Lockeschen Empirismus, behauptet Berkeley, daß die Dinge bloß im Bewußtsein Existenz haben. Esse = percipi. (Sein = Wahrgenommenwerden) (Erkenntnistheoretischer Idealismus)

1. Das Sein der Dinge besteht in ihrem Vorgestelltwerden. Berkeley stellt zum erstenmal die Frage »Was heißt Wirklichsein?« Er begründet den erkenntnistheoretischen Idealismus, indem er außerhalb des Bewußtseins keine Realität (Ding an sich) anerkennt.
2. Der Apfel z. B. besteht lediglich aus der Summe der Empfindungsinhalte, die sich in unserem Bewußtsein vorfinden. Ein substantieller Träger dieser Inhalte in der Außenwelt ist nicht nachweisbar und überflüssig.
3. Abstrakte Ideen gibt es nicht. Es gibt allgemeine Ideen, die zur Bezeichnung einer Gattung verwendet werden (z. B. Pferd). Jeder Begriff repräsentiert nur eine Vielheit von Einzelideen (Nominalismus).
4. Der erkenntnistheoretische Idealismus hat bei Berkeley Gültigkeit nur für die Außenwelt. Für die seelische Welt bleibt er Realist.
5. Auch die primären Qualitäten Lockes (Ausdehnung, Gestalt, Undurchdringlichkeit) haben nach Berkeley vor den sekundären nichts voraus, existieren also ebenfalls nur im vorstellenden Bewußtsein.
6. Von unabhängig existierenden Substanzen bleibt nach Abstraktion von ihren Eigenschaften nichts übrig.
7. Kant sieht im Berkeleyschen Idealismus einen Illusionismus, der die Welt in Schein auflöst. Er grenzt daher

seinen Standpunkt scharf gegen Berkeley ab. Schopenhauer beruft sich in seiner Erkenntnistheorie auf Berkeley.

8. Mit seinem erkenntnistheoretischen Idealismus verwirft Berkeley die Abbildtheorie (die noch Locke vertritt), nach der die Wahrnehmungen Abbilder der Dinge an sich sind.
9. Die Ergebnisse der Naturwissenschaft bleiben unangetastet. Es handelt sich für Berkeley nur um eine andere Interpretation des Wirklichseins.

II. Die Konsequenz eines solchen Standpunktes ist die Leugnung der Materie und die Anerkennung nur spiritueller Substanzen (Immaterialismus, Spiritualismus, metaphysischer Idealismus)

1. Berkeley ist metaphysischer Idealist, d. h. es gibt nur ein geistiges Sein. Den Seelen (Geistern) kommt eine Existenz an sich zu. (Eigentümlich ist die Verbindung von Empirismus mit metaphysischem Idealismus.)
2. Berkeley gehört der großen idealistischen Entwicklungsreihe Plato — Leibniz — Fichte — Hegel an.

Während für Plato die Ideen (Allgemeinbegriffe) letzte Prinzipien der Wirklichkeit sind, erkennt Berkeley in den Seelen solche an.

Die Leibnizsche Monadologie weist starke Verwandtschaft mit dem Idealismus Berkeleys auf. Der Unterschied liegt begründet

a) in dem Rationalismus Leibniz' im Gegensatz zum Empirismus Berkeleys,
b) in dem objektiven Idealismus Leibniz' im Gegensatz zum subjektiven Idealismus Berkeleys.

Der objektive Idealismus betrachtet die Materie als an sich geistig, während sie für den subjektiven Idealismus eine Vorstellung des Geistes ist.

Vertreter des objektiven Idealismus: Plato, Leibniz, Schelling, Hegel,

Vertreter des subjektiven Idealismus: Berkeley, Fichte; Schopenhauer in seiner Erkenntnistheorie.

3. Berkeley glaubt mit seinem Idealismus dem Materialismus den Boden entzogen zu haben, indem er seinen Grundbegriff, die Materie, zerstört.
4. Als praktische Folgen seines Immaterialismus bezeichnet Berkeley die Überwindung des Skeptizismus, Pessimismus und Materialismus.
5. In Berkeley finden sich neuplatonische Gedankengänge wieder.
6. Da das Sein der Außenwelt ein Perzipiertwerden (Vorgestelltwerden) ist, muß es ein Perzipierendes geben. So kommt Berkeley zum Begriff des Geistes. Sein Wesen besteht im Perzipieren (esse est percipere).
7. Der Geist ist eine einfache und unteilbare Substanz.
8. Die unmittelbare Erkenntnis des Geistes ist nicht möglich. Wir erschließen ihn aus seinen Wirkungen.
9. Die Existenz anderer Geister wird von Berkeley ebenfalls erschlossen und anerkannt. Er steht damit im Gegensatz zum Solipsismus (solus ipse = ich allein), der außer dem eigenen Ich keine anderen Geister annimmt.

III. Wahrnehmungsvorstellungen werden von Gott geschickt, Phantasievorstellungen sind Erzeugnisse der Seele

1. Dieser Satz dient zur Unterscheidung der Wahrnehmungen von den Phantasievorstellungen und ermöglicht Berkeley, die Solidität der Welt festzuhalten. Dies ist nötig, da beide Arten von Ideen, Wahrnehmungs- und Phantasievorstellungen, Perzeptionen sind, die nicht auf ein Abbild zurückgehen.
2. Wahrnehmungen haben im Gegensatz zu Phantasievorstellungen besondere Klarheit, Beständigkeit, Stärke, Ordnung, die von unserem Willen nicht abhängig sind.
3. Anstelle der körperlichen Dinge, die nach der Abbildtheorie die Empfindung verursachen, tritt Gott.
4. Die Zurückführung der Ideen auf Gott wird von Berkeley als bester Gottesbeweis bezeichnet.
5. Malebranche vertritt eine Berkeley verwandte Lehre, wenn er behauptet, daß wir die Dinge in Gott schauen.

3. Hume

Leben: David Hume, * 1711 in Edinburg, 1734—37 in Frankreich, reist als diplomatischer Sekretär an die Höfe von Wien und Turin, ist Bibliothekar und Unterstaatssekretär, auch als Historiker bekannt, † 1776 in Edinburg.

Werke: 1738—40 Treatise on human nature (Gesamtwerk). — 1748 Enquiry concerning human understanding (Erkenntnistheorie). — 1757 Natural history of religion (Religionsphilosophie). — 1779 (postum) Dialogues concerning natural religion.

I. Hume unterscheidet neben Sensation und Reflektion Impressionen und Ideen. Die Gesamtheit der seelischen Inhalte wird als Perzeptionen bezeichnet

1. Unter Perzeptionen ist jeder seelische Inhalt zu verstehen. Perzeptionen zerfallen in Impressionen und Ideen. Impressionen sind die starken Wahrnehmungseindrücke (Hören, Sehen, Fühlen, Lieben, Hassen, Begehren). Ideen (ideas) sind die abgeblaßten Erinnerungs- und Einbildungsvorstellungen (reproduzierte Vorstellungen, Kopien).

   Es ergeben sich folgende vier Arten von Perzeptionen:

a) impressions of sensation, z. B. Wahrnehmung einer Rose,
b) impressions of reflection, z. B. Erlebnis eines Lustgefühls,
c) ideas of sensation, z. B. Erinnerung an eine Rose,
d) ideas of reflection, z. B. Erinnerung an ein vergangenes Lustgefühl. Vgl. Locke.

2. Jeder Inhalt muß auf eine Impression zurückgeführt werden können.
3. Die Phantasietätigkeit besteht nur in der Kombination der durch Impressionen gelieferten Vorstellungsinhalte. Sie kann diese Inhalte nur umstellen, erweitern oder vermindern. (Z. B. Phantasievorstellung eines Zentauren.)

II. Tatsachenwahrheiten (matters of fact) und Beziehungswahrheiten (relations of ideas) werden unterschieden

1. Die Beziehungswahrheiten, besonders die mathematischen, haben keinen Anspruch auf Tatsachengeltung. Sie sind

reine Setzungen des Geistes. Mathematische Wahrheiten bestehen lediglich in gedanklicher Entwicklung von begrifflichen Beziehungen zwischen Ideen.

2. Bei Locke findet sich bereits eine ähnliche Unterscheidung. Allerdings handelt es sich bei Hume nicht mehr um wirklichkeitsbezogene Wahrheiten, da er den Begriff der Wirklichkeit positivistisch durch den des Gegebenen ersetzt.
3. Die Lehre von der wirklichkeitsfreien Wahrheit findet sich im logischen Absolutismus der Gegenwart wieder.
4. Während die mathematischen und logischen Sätze absolut evident sind, ist bei Tatsachenwahrheiten das Gegenteil jederzeit möglich. »The contrary of every matter of fact is possible.« So ist es z. B. möglich, daß morgen die Sonne nicht aufgeht.

   Tatsachenwahrheiten können nur den Grad von Wahrscheinlichkeit erreichen.
5. Die Geometrie kann trotz ihrer Strenge nicht zur Erkenntnis der letzten Naturursachen verhelfen; sie dient nur bei der Entdeckung und Anwendung der Naturgesetze.

III. Verknüpfung der Vorstellungen geschieht nach den Assoziationsprinzipien der

a) Ähnlichkeit b) raumzeitlichen Kontiguität c) Kausalität

a) Ähnlichkeit (z. B. das Bild eines Menschen erinnert an ihn selbst),
b) raumzeitlichen Kontiguität (Berührung) (z. B. Vorstellung des Schlosses erinnert an die daneben gelegene Universität),
c) Kausalität (z. B. Vorstellung der Wunde ruft die Vorstellung des Schmerzes hervor).

1. Die Assoziationspsychologie wird von Hartley und Priestley fortgesetzt.
2. Im 19. Jahrhundert erreicht die Assoziationspsychologie ihren Höhepunkt. In der Gegenwart wird sie von der Ganzheitspsychologie bekämpft.

   Der Kausalbegriff ist für Hume von entscheidender Bedeutung.

IV. Der Kausalbegriff stammt weder aus der Erfahrung noch aus der Vernunft, sondern geht auf den psychischen Instinkt der Gewohnheit zurück

1. Formallogisch läßt sich von der Ursache nicht auf die Wirkung schließen, da der Begriff der Wirkung im Begriff der Ursache nicht enthalten, sondern von ihm verschieden ist (z. B. konnte Adam, der erste Mensch, nicht wissen, daß der losgelassene Stein zu Boden fallen würde. Es wäre logisch ebensogut möglich gewesen, daß er zum Himmel gestiegen oder in der Luft stehen geblieben wäre).
2. Erfahrung lehrt uns nur das Nacheinander der Vorgänge a—b, aber nicht die notwendige Verknüpfung zwischen beiden (das kausale Band). Beim Stoß zweier Kugeln beobachten wir nur, daß jedesmal auf die Bewegung der Kugel A die der Kugel B folgt.
3. Der Kausalbegriff geht auf die Gewohnheit zurück, die uns nach wiederholter Beobachtung aufeinanderfolgender Vorgänge nach Eintreten des ersten den zweiten erwarten läßt.
4. Kant stimmt mit Hume darin überein, daß der Kausalbegriff weder rein logisch noch aus der Erfahrung abzuleiten ist. Dagegen erklärt er ihn als ein synthetisch-apriorisches Prinzip.
5. Die Naturwissenschaft hat die Aufgabe, die empirisch gefundenen Ursachen von Naturerscheinungen einheitlich zusammenzufassen und die Mannigfaltigkeit der besonderen Wirkungen einigen wenigen generellen Ursachen unterzuordnen (Elastizität, Schwerkraft, Kohäsion der Teile, Mitteilung der Bewegung durch Stoß usw.).
6. Die Humesche Behandlung des Kausalbegriffes ist oft als Skepsis bezeichnet worden. Dagegen läßt sich geltend machen, daß Hume den Kausalbegriff nicht zerstören, sondern auf seine wahre Wurzel zurückführen wollte.
7. Wunder, d. h. Durchbrechungen des Kausalgesetzes sind prinzipiell möglich. Jedoch ist ihre Wahrscheinlichkeit so gering, daß sie praktisch überhaupt nicht ins Gewicht fällt.
8. Die schottische »Philosophie des gesunden Menschenverstandes« (Reid, Beattie) bekämpft die Humesche Philosophie und wirft ihr destruktive Tendenzen vor.

V. Hume zerstört nicht nur den physischen, sondern auch den psychischen Substanzbegriff

1. Die physische Substanz ist lediglich die Summe von zugleich gegebenen Empfindungsinhalten. Bereits Berkeley bestreitet diesen Begriff.
2. Die psychische Substanz, das Ich, ist ein Bündel von Perzeptionen. Diese bedürfen keines substanziellen Trägers. Die Seele ist bloße Schaubühne ihrer Erlebnisse.
3. In der Zerstörung der kategorialen Elemente (Substanz- und Kausalbegriff) kommt die allmähliche Verschärfung des Empirismus zum Ausdruck.
4. Hume kann als erster Positivist bezeichnet werden, da er nur die reine Erfahrung bestehen läßt. Alle Denkzutaten (Kategorien) sind auszuschalten.

   Der Positivismus wird fortgesetzt von Mill — Laas — Mach — Avenarius.
5. Wundt vertritt ebenfalls die Lehre, daß die Seele keine Substanz, sondern nur die Summe ihrer Erlebnisse sei. Im Gegensatz zur Substanzialitätstheorie bezeichnet man diese Lehre als Aktualitätstheorie.
6. In seiner Schrift über den Selbstmord findet die Bestreitung der Seelensubstanz eine praktische Anwendung. Der Tod ist lediglich das Aufhören seelischer Erlebnisse.
7. Kant behauptet im Gegensatz zu Hume, daß der Substanzbegriff eine notwendige und allgemeingültige Voraussetzung der Wissenschaft überhaupt von objektiver Gültigkeit sei.
8. Der Substanzbegriff tritt zuerst bei den Eleaten auf. Entscheidende Bedeutung fällt ihm in den großen metaphysischen Systemen von Descartes, Spinoza, Leibniz, Hegel und weithin sonst in der europäischen Metaphysik zu.

4. Englische Gefühlsethik

I. Die englische Gefühlsethik leitet moralische Wertungen aus einem moralischen Trieb (der dem ästhetischen verwandt ist) ab

1. Vertreter sind Shaftesbury (1671—1713), Butler (1692—1752), Clarke (1675—1729), Hutcheson (1694—1746).

2. Diese Gefühlsethik steht im Gegensatz zur Kantischen Vernunftethik. Kant wirft ihr vor, daß sie nur zu einer »Physiologie der Moral« führen, aber keine prinzipielle Grundlegung der Ethik geben kann.

II. Shaftesbury begründet ein System des ästhetischen Pantheismus

1. Shaftesbury ist angeregt durch den Neuplatonismus. Seine Wirkung auf den klassischen deutschen Geist des 18. Jhdts. war bedeutend (Herder, Humboldt, Schiller). Schillers Begriff der »schönen Seele« zeigt Shaftesburys Einfluß.

B. Französische Aufklärung

Im Gegensatz zur englischen Aufklärung beschäftigt man sich in Frankreich mit der praktischen Verwertung der Aufklärungsideen.

I. Bahnbrechend für die französische Aufklärung ist Pierre Bayles „Dictionnaire historique et critique"

1. Bayle (1674—1705) zersetzt die Grundlagen des kirchlichen Glaubens und deckt den Widerspruch von Glauben und Wissen auf.

II. Voltaire ist typischer Vertreter der französischen Aufklärung

* 1694 in Paris, Flucht nach England 1726—29, befreundet mit Friedrich d. Gr., † 1778 in Ferney (Genfer See).

1. Seine Erkenntnistheorie stammt von Locke.
2. Seine Naturphilosophie geht auf Newton zurück. Voltaire trägt dazu bei, die cartesianische Naturauffassung durch die newtonische zu verdrängen.
3. Religionsphilosophisch ist Voltaire an dem Deismus orientiert. Falsch ist die Auffassung, daß er Atheist gewesen sei. Die Zentraldogmen sind: Existenz Gottes, Freiheit, Unsterblichkeit.
4. Voltaire übernimmt von Shaftesbury die Moralphilosophie.
5. Der aufklärerische Intellektualismus Voltaires steht im Gegensatz zu Rousseaus Gefühlsphilosophie.

III. Montesquieu stellt das Ideal der konstitutionellen Monarchie unter Trennung der drei Gewalten Legislative, Exekutive, Jurisdiktion auf

Montesquieu, 1689—1755, Hauptwerke: Lettres persanes, Esprit des lois.

1. Sein Staatsideal der konstitutionellen Monarchie steht im Gegensatz zur Idee der demokratischen Republik bei Rousseau.

IV. Condillac verschärft den Lockeschen Empirismus zum Sensualismus, indem er die Reflektion auf die Sensation zurückführt

* 1715, Abt von Murnaux, Erzieher des Herzogs von Parma, † 1780 in Grenoble. Werk: Traité des sensations, 1754.

1. Berühmt ist das Statuengleichnis, an dem Condillac die Entstehung des seelischen Lebens veranschaulicht. Er fingiert eine Statue, der nacheinander die verschiedenen Sinne gegeben werden. Es wird gezeigt, wie sich damit auch die höheren seelischen Funktionen entwickeln.
2. Nicht nur die höheren Erkenntnisfunktionen, sondern auch Fühlen und Wollen geht auf Empfindungen zurück.
3. Der Verstand ist eine bloße »Transformation von Empfindungen«.
4. Der moderne Positivismus (Mach-Avenarius) erkennt wie Condillac nur eine Reihe von Gegebenheiten an, indem er Empfindungsakt und -inhalt vertauscht.

V. Helvétius überträgt den erkenntnistheoretischen Sensualismus Condillacs auf das ethische Gebiet. Jede menschliche Handlung liegt im sinnlichen Egoismus begründet

Claude Adrien Helvétius, 1715—71. Werke: De l'esprit 1758, »De l'homme, de ses facultés et de son éducation«.

1. Die Gesetzgebung muß ihre Gebote mit dem sinnlichen Luststreben in Einklang bringen, wenn sie sich wirkliche Geltung verschaffen soll.
2. Verwandt mit der Ethik Helvétius' ist die Lamettries.

VI. Lamettrie ist Vertreter des radikalen Materialismus

* 1709 St. Malo, Militärarzt, Flucht nach Deutschland, am Hofe Friedrichs des Großen, † 1751 in Berlin.

Werke: 1748 L'homme machine. Discours sur le bonheur, Système d'Epicure.

1. Die Abhängigkeit geistiger Prozesse und seelischer Stimmungen von physiologischen Vorgängen ist der Ausgangspunkt für Lamettries Materialismus. Er lehrt die Körperlichkeit der Seele.
2. Lamettrie beruft sich auf den cartesianischen Satz, daß das Tier bloße Maschine sei. Weitergehend bestreitet er die Sonderstellung des Menschen in der Natur.
3. Der moderne Materialismus, zuerst von Hobbes vertreten, unterscheidet sich vom antiken (Demokrit-Epikur) dadurch, daß er nur noch eine Art von Materie anerkennt. Nach Lamettrie findet sich der Materialismus in Deutschland bei Vogt — Büchner — Moleschott.

VII. Das „Système de la nature" Holbachs (1770) bildet das Grundbuch des französischen Materialismus der Aufklärungszeit. Seine praktische Tendenz ist der Kampf gegen den Aberglauben in jeder Form

1. Es existiert nur Bewegung und Materie.
2. Der Unterschied zwischen Physischem und Psychischem ist ein Unterschied zwischen sichtbaren und unsichtbaren Molekülbewegungen. Auch ein geistiger Vorgang ist nur eine Bewegung im Gehirn, die allerdings unsichtbar ist.
3. Freiheit, Unsterblichkeit und Dasein Gottes sind Chimären (Atheismus).

VIII. Die Enzyklopädisten suchen die Summe des Wissens, ihrer Zeit in einem Sammelwerk (Enzyklopädie 1751—1772, 28 Bände) zusammenzufassen

1. Die Enzyklopädisten vermittelten damit das aufklärerische Weltbild weiten Kreisen.
2. Mitarbeiter waren Diderot (1713—84), d'Alembert (1717—83), Voltaire, Rousseau u. a.

IX. Rousseau ist Vollender und durch seine Betonung des Gefühls Zerstörer der Aufklärung

Jean Jacques Rousseau, * 1712 Genf, † 1778 Emenonville. Werke: 1750 Discours sur les sciences et les arts. — 1753 Discours sur l'origine et les fondements de l'inégalité parmi les hommes. — 1762 Émile ou sur l'éducation. — 1762 Du contrat social ou principes du droit politique.

1. Die wesentliche Leistung Rousseaus liegt auf kulturphilosophischem Gebiete. Ideal ist Rückkehr zur Ursprünglichkeit der Natur (»Retournons à la nature«).

a) Pädagogisch vertritt er die Abkehr vom Intellekt.

b) Politisch fordert Rousseau die demokratische Republik, vertritt die Theorie des Staatsvertrages und der Volkssouveränität.

c) Religionsphilosophisch ist er Vertreter der deistischen Glaubenssätze, die er aber nicht wie die Deisten auf Vernunft, sondern auf das Gefühl gründet.

2. Der Einfluß Rousseaus war außerordentlich. In Frankreich zählen Robespierre und St. Just zu seinen Schülern. In Deutschland wird durch Rousseau die Sturm- und Drangbewegung entscheidend beeinflußt (Herder, Goethe, Jakobi), ferner Kant und Pestalozzi.

C. Deutsche Aufklärung

Die deutsche Aufklärung trat am spätesten auf und war am wenigsten radikal.

I. Christian Wolff popularisiert die Philosophie Leibniz'

Leben: * 1679 in Breslau, Professor der Mathematik, dann der Philosophie in Halle, Konflikt mit Pietisten, Vertreibung durch Kabinettsorder, bis 1740 in Marburg, dann wieder in Halle, † 1754.

1. Wolff teilt die Philosophie in theoretische und praktische ein. Die theoretische Philosophie zerfällt in

a) Ontologie (allgemeine Kategorienlehre, allgemeiner Teil der Metaphysik).

b) Spezielle Disziplinen: Kosmologie, Psychologie, Theologie.
Die praktische Philosophie zerfällt in Ethik, Ökonomik und Politik.

2. Durch Wolff und seine Schule gelangt der Rationalismus in Deutschland zur Herrschaft. Wolff ist Schöpfer der deutschen philosophischen Terminologie und hat als erster philosophische Werke in deutscher Sprache verfaßt.
3. Wolff nimmt einen Stammbesitz apriorischer Begriffe an, aus denen mit Hilfe des Satzes vom Widerspruch die Metaphysik abgeleitet wird.
4. Kant bekämpft in Wolff den Typus des Rationalisten überhaupt. Reine Vernunfterkenntnis aus Begriffen ohne Zuhilfenahme von Anschauung ist nach Kant nicht möglich.

II. Die Popularphilosophen beschränken sich darauf, die philosophische Aufklärung im Volke zu verbreiten

1. Bedeutendste Vertreter sind der Berliner Buchhändler Nicolai, Moses Mendelssohn (1729—86, »Phädon«, Freund Kants) und Gotthold Ephraim Lessing (1729—81), ferner Sulzer, Garve, Engel.
2. Typisch ist die popularphilosophische Ansicht über das Verhältnis von gesundem Menschenverstand zur Metaphysik. Der gesunde Menschenverstand kann von sich aus alle notwendigen Wahrheiten erkennen, die die Metaphysik exakt beweist.
3. Stark verbreitet ist die teleologisch-utilitaristische Betrachtung der Natur, die für die Zwecke des Menschen da ist.

Vierter Abschnitt

Kant

Kants kritische (Transzendental-) Philosophie stellt den Wendepunkt in der Philosophie der neueren Zeit dar. Bis in die Gegenwart hat er die Philosophie entscheidend beeinflußt.

Kants Hauptleistung ist die Schöpfung der transzendentalen (kritischen) Methode, die die apriorischen Voraussetzungen der Wissenschaft und darüber hinaus aller Kulturgebiete aufdeckt. So untersucht Kant die apriorischen Voraussetzungen der Naturwissenschaft, Ethik und Ästhetik.

Leben: Immanuel Kant, * 1724 in Königsberg, in dem strengen rationalistischen Geist der Wolffschen Schulphilosophie erzogen. Man unterscheidet zwei Epochen seiner philosophischen Entwicklung: die vorkritische und die kritische. In der ersten Epoche treibt Kant noch Metaphysik im Vertrauen auf den Verstand. Zweifel führen ihn zu einer kritischen Untersuchung des Verstandesvermögens.

Mit der Kritik der reinen Vernunft (1781) beginnt die kritische Phase.

1793 hat Kant einen Konflikt mit der preußischen Regierung (Wöllner). † 1804.

Werke (Werke der kritischen Hauptzeit): 1781 »Kritik der reinen Vernunft« (theoretische Philosophie). — 1783 »Prolegomena zu einer jeden künftigen Metaphysik, die als Wissenschaft wird auftreten können« (einführende Darstellung der theoretischen Philosophie). — 1785 »Grundlegung zur Metaphysik der Sitten« (kurze Darstellung der Ethik). — 1788 »Kritik der praktischen Vernunft« (Ethik). — 1790 »Kritik der Urteilskraft« (Teleologie und Ästhethik). — 1793 »Religion innerhalb der Grenzen der bloßen Vernunft« (Religionsphilosophie).

A. Theoretische Philosophie

I. Der Kritizismus Kants stellt sich die Aufgabe, die Vernunft einer Kritik zu unterziehen. Zur Lösung dieser Aufgabe bedient er sich der transzendentalen Methode

II. Die transzendentale Methode fragt nach den Bedingungen der Erkenntnis, also nach den apriorischen Voraussetzungen der Wissenschaften

1. Die klassische kantische Fragestellung lautet: Wie ist Erkenntnis überhaupt möglich?

2. Diese Hauptfrage wird in folgende Unterfragen zerlegt:
a) Wie ist reine Mathematik möglich?
b) Wie ist reine Naturwissenschaft möglich?
c) Wie ist Metaphysik möglich?

Die beiden ersten Fragen werden positiv beantwortet; die Frage nach der Metaphysik, falls darunter Erkenntnis der Dinge an sich verstanden wird, wird als unlösbar abgelehnt.

3. Der Ausdruck transzendental findet sich bei Kant in dieser Bedeutung erstmalig.
4. Kant definiert: »Unter transzendental verstehe ich eine Methode, die sich nicht sowohl mit Gegenständen, als vielmehr mit einer Erkenntnisart von Gegenständen, sofern diese a priori möglich sein soll, beschäftigt.«
5. Die transzendentale Methode ist streng zu scheiden von der
a) psychologischen: Diese untersucht die subjektive Entstehung der Erkenntnisprozesse, sofern sie in einzelnen Individuen ablaufen, z. B. Empfindungs-, Wahrnehmungs-, Denk- und Willensakte, Gefühlsabläufe.
b) formal-logischen: Diese untersucht unter Abstraktion von jeglichem Erkenntnisinhalt die Gesetze und Formen, in denen unser Denken verläuft, wenn es logisch richtig sein soll, z. B. die allgemeinen Denkgesetze: Satz der Identität, Satz des Widerspruchs, Satz des ausgeschlossenen Dritten, weiter Begriffe, Urteile, Schlüsse und ihre Hauptformen;
c) metaphysischen: Diese sucht »das Wesen« der Gegenstände, ihren »Grund«, das »An-sich« der Dinge zu erkennen, während Kants Methode sich mit der Erkenntnisart der Gegenstände beschäftigt.
6. Kant bezeichnet diese Wendung als eine kopernikanische. Bei der Erkenntnis haben wir nicht von den Dingen auszugehen, sondern von der Erkenntnis der Dinge, nicht vom Objekt, sondern vom Subjekt.
7. »Überhaupt« hat bei Kant den Sinn von prinzipiell; Erkenntnis überhaupt steht im Gegensatz zur Erkenntnis eines empirischen Subjektes.
8. Es ist ein besonderes Verdienst von Hermann Cohen, die

transzendentale Methode wieder in den Mittelpunkt des Kantischen Systems gerückt zu haben. Von hier aus nimmt die Kant-Interpretation, die lange Zeit durch psychologistische Mißverständnisse verdeckt war, einen neuen Aufschwung.

9. Kant bezeichnet den Kritizismus als den Mittelweg zwischen Dogmatismus und Skeptizismus.

III. Kant überwindet die Einseitigkeiten des Empirismus und des Rationalismus, indem er nachweist, daß für jede Erkenntnis die Verbindung von sinnlicher Anschauung mit verstandesmäßigem Denken erforderlich ist

1. Der Empirismus (Locke und Hume) lehrt, daß nur die sinnliche Anschauung Quelle für die Erkenntnis ist und schreibt dem Verstand nur ordnende Funktion zu. Das Bewußtsein ist dabei passiv.
2. Der Rationalismus (Descartes, Leibniz) will die Gesamterkenntnis aus der Vernunft (Ratio) ableiten. Er betont aufs schärfste die Aktivität des Geistes. Die Annahme von Aprioritäten ist eines seiner wesentlichen Merkmale.
3. Kant bezeichnet sich selbst als einen Schiedsrichter, der die Berechtigung beider Parteien, des Empirismus und des Rationalismus, abwägt. Dieser Schiedsspruch erfolgt durch eine Kritik der Vernunft.
4. Kant weist die Notwendigkeit einer Synthese beider Lehrmeinungen nach, da zum Zustandekommen der Erkenntnis Sinnlichkeit und Verstand erforderlich sind. »Begriffe ohne Anschauung sind leer, Anschauungen ohne Begriffe sind blind.«

IV. Apriorische (formale) Elemente der Erkenntnis werden von aposteriorischen (materialen) geschieden

1. Apriorische (reine) Erkenntnisse gelten unabhängig von der Erfahrung und sind notwendige Bedingungen für die Erfahrung.

   Zwar sind Erfahrungen der Ausgangspunkt für alle

Erkenntnis. Damit ist jedoch nicht gesagt, daß alle Erkenntnisse aus der Erfahrung stammen.

2. Bereits bei Plato wird in der Lehre von der Anamnesis der Begriff der Apriorität eingeführt. Diese wird an mathematischen Sätzen demonstriert. Die eigentlich metaphysische, die Erkenntnis der Ideen, ist somit apriorische Erkenntnis.

Das 17. Jahrhundert steht vorherrschend im Zeichen des Apriorismus (Rationalismus). Die großen metaphysischen Systeme von Descartes, Hobbes, Spinoza, Leibniz stützen sich auf das apriorische Denken.

3. Aposteriori sind die aus der Erfahrung gewonnenen empirischen Sätze, alle Sätze der positiven Wissenschaften, z. B. das spez. Gewicht des Goldes ist 19. (Locke-Berkeley-Hume leugnen apriorische Sätze und gestehen allein den aposteriorischen Sätzen Gültigkeit zu.)

4. Apriorische Erkenntnisbedingungen für das

a) theoretische Gebiet sind

α) Anschauungsformen Raum und Zeit.

β) Kategorien, z. B. Substanz, Kausalität, Sein, Einheit.

γ) Synthetische Grundsätze, z. B. Substanzgesetz, Kausalprinzip;

δ) Ideen (Seele, Welt, Gott).

b) für das praktische Gebiet: der kategorische Imperativ, das Sollen, das Prinzip der Autonomie;

c) für das ästhetische Gebiet: die Prinzipien des Schönen und Erhabenen.

V. Kant unterscheidet analytische und synthetische Urteile

1. Beim analytischen Urteil (Erläuterungsurteil) ist das Prädikat im Subjektsbegriff enthalten; z. B. alle Körper sind ausgedehnt. Im Begriff Körper liegt bereits der Begriff Ausgedehntheit.

Analytische Urteile sind immer a priori.

2. Beim synthetischen Urteil (Erweiterungsurteil) tritt im Prädikat ein neuer Begriff hinzu (z. B. alle Körper

sind schwer; der Begriff der Schwere ist noch nicht in dem des Körpers enthalten).

Während die analytischen Urteile nur Begriffe zerlegen, erweitern synthetische Urteile den Bereich unserer Erkenntnis.

3. Die meisten Urteile des täglichen Lebens und der positiven Wissenschaften sind synthetische Urteile a posteriori, da die Verknüpfung von Subjekt und Prädikat auf Erfahrung beruht.
4. Kants Frage gilt den synthetischen Urteilen a priori und ihrer Möglichkeit. Das Problem besteht darin, nachzuweisen, wie Urteile, die gegenstandsbezogen sind und unsere Erkenntnis erweitern, dennoch unabhängig von aller Erfahrung gelten sollen. Kant kleidet dieses Problem in die Frage: Wie sind synthetische Urteile a priori möglich?
5. Kant steht hiermit im Gegensatz zu Hume, der nur synthetische Urteile aposteriori gelten läßt.

VI. Raum und Zeit sind die apriorischen Anschauungsformen der Sinnlichkeit (Transzendentale Ästhetik)

1. Raum und Zeit sind die Medien, durch die alle Gegenstände der Erfahrung hindurchgehen müssen.
2. Im Gegensatz zum älteren Rationalismus führt Kant den Begriff eines Apriori der Sinnlichkeit neu ein.
3. Die Anschauungsformen gelten deshalb nur für die Welt der Erscheinungen, weil sie nur dem Subjekt zukommen.
4. Aus der falschen Auffassung des Subjektbegriffes erklären sich viele Fehlinterpretationen, die Kant widerfahren.

   Unter Subjekt kann verstanden werden

a) das psychologische Subjekt des Einzelnen,
b) das erkenntnistheoretische Subjekt (Subjekt überhaupt), wie es von Kant gemeint war. Psychologisch verstanden wird der Subjektbegriff von Schopenhauer und Fries.

   Im Sinne der logischen Auffassung des Subjektes wird Kant von der Marburger und der südwestdeutschen Schule interpretiert (Hauptvertreter Cohen und Windelband).

5. Kant stimmt mit Newton darin überein, daß der Raum sinnlich-kontinuierlich ist. Im Gegensatz zu Newton ist der Raum für ihn nicht »absoluter Behälter«, sondern Formungsprinzip des Subjekts.
6. Der intelligible (gedachte) Raum von Leibniz-Wolff wird von Kant in seiner kritischen Periode bekämpft. Leibniz nimmt einen gedachten, nicht sinnlichen, unausgedehnten Raum an, der in den Beziehungen der Monaden besteht. Das Nebeneinander der Monaden ist der Raum, das Nacheinander der Monaden ist die Zeit.
7. Obwohl Raum und Zeit transzendental-ideal sind, sind sie doch empirisch-real. Sie gelten objektiv für das Reich der Erscheinungen und verlieren ihre Gültigkeit, wenn man sie auf das Ding an sich anzuwenden sucht.
8. Raum ist die Anschauungsform des äußeren Sinnes, Zeit die des inneren; d. h. die Objekte der Außenwelt werden räumlich geordnet, die der Innenwelt (seelische Prozesse) zeitlich.
9. Kant bezeichnet die Sinnlichkeit als Rezeptivität (Aufnahmefähigkeit) im Gegensatz zur Spontaneïtät (Selbsttätigkeit) des Verstandes.
10. Die Lehre von den apriorischen Elementen der Sinnlichkeit nennt Kant transzendentale Ästhetik. Im Gegensatz dazu untersucht die transzendentale Logik die Aprioritäten des Denkens (Kategorien, Grundsätze, Ideen).
11. Als Beweis für die Apriorität von Raum und Zeit führt Kant zwei Deduktionen:

a) die metaphysische. Sie zeigt, daß der Raum nicht wegdenkbar ist (wie seine Inhalte), weiter daß er kein Verstandesbegriff, sondern reine Anschauung ist, da er einzelne Räume in sich, nicht unter sich enthält.

b) die transzendentale. Sie zeigt, daß ohne Voraussetzung der Apriorität des Raumes die Geometrie als apodiktische Wissenschaft unmöglich ist. Die Arithmetik setzt die Apriorität der Zeit voraus.

VII. Empfindungsinhalte sind aposteriorische (empirische) Bestandteile der Sinnlichkeit

1. Empfindungsinhalte sind z. B. Farben, Töne, Gerüche, Tastqualitäten.
2. Während ich a priori wissen kann, daß alle Gegenstände der Außenwelt im Raum sind, wird mir ihr qualitativer Inhalt erst durch die Erfahrung sukzessive zugänglich.
3. Die erste Formung des chaotischen Empfindungsmaterials geschieht durch Raum und Zeit. (Die Formung ist nicht zeitlich zu verstehen.)
4. Locke und Hume sehen in den Empfindungsinhalten das Ganze der Erkenntnis. Raum, Zeit und Kategorien sind sekundärer Natur, d. h. sie werden auf Komplexionen von Empfindungsmomenten zurückgeführt.
5. Der Rationalismus sieht in den Empfindungsinhalten verworrene Vorstellungen, die erst durch rationales Denken geklärt werden müssen.

VIII. Das durch die Anschauungsformen Raum und Zeit vorgeformte Empfindungsmaterial wird von den Kategorien zur fertigen Erkenntnis gestaltet (Analytik der Begriffe, Kategorienlehre)

1. Kategorien sind die Stammbegriffe des Verstandes. Sie lassen sich nicht auf höhere Begriffe zurückführen und sind oberste Ordnungsprinzipien des Seienden. So sind z. B. Kausalität oder Substanzialität letzte Ordnungsmöglichkeiten der Wirklichkeit.
2. Kant stellt folgende Kategorientafel auf:

Quantität	Qualität	Relation	Modalität
Einheit	Realität	Substanz	Möglichkeit
Vielheit	Negation	Kausalität	Dasein
Allheit	Limitation	Wechselwirkung	Notwendigkeit

Die Kategorien sind nach den Gesichtspunkten der Quantität, Qualität, Relation und Modalität geordnet. Jede Gruppe enthält drei Kategorien, von denen die dritte eine Synthese der beiden vorangehenden bildet.

3. Die Kategorientafel in ihrer speziellen Ausgestaltung bei Kant darf in ihrer Bedeutung nicht überschätzt werden. Entscheidend ist allerdings das Problem der Kategorien überhaupt. Die Kategorientafel selbst hat im einzelnen vielfache Umarbeitungen erfahren.
4. Die Kategorien vereinheitlichen das Mannigfaltige der Empfindung. Sie sind synthetische Formungsprinzipien. Das Wesen der Kategorien besteht in ihrer Funktion der Synthesis. Z. B. wird durch die Substanzkategorie eine Vielheit von Qualitäten auf einen einheitlichen Träger vereinigt. Die Kausalkategorie faßt Ursach- und Wirkungsvorgang zu einer Einheit zusammen.
5. Den Kategorien kommt konstitutive Bedeutung zu, da sie Erfahrungserkenntnis begründen, während die Ideen der Vernunft nur regulativ sind.
6. Der Verstand ist das Vermögen der Begriffe.
7. Die »transzendentale Einheit der Apperzeption« ist die oberste Einheit des Verstandes. Erst sie ermöglicht Erkenntnis. Alle Inhalte des Bewußtseins müssen darauf bezogen sein. Das »Ich denke« muß alle meine Vorstellungen begleiten können. Kategorien können als Organe der transzendentalen Einheit der Apperzeption bezeichnet werden.
8. In der Deduktion führt Kant den Nachweis für die Rechtmäßigkeit der Kategorien. Er unterscheidet zwischen metaphysischer und transzendentaler Deduktion. Die metaphysische Deduktion weist die apriorischen Elemente des Verstandes auf. Sie werden aus der Urteilstafel gewonnen, denn die Urteilstafel enthält sämtliche Formen der Verknüpfungen überhaupt.

   Die entscheidende Bedeutung kommt der transzendentalen Deduktion zu. Sie knüpft an die Frage an: wie ist Erkenntnis überhaupt möglich? und zeigt, daß Wirklichkeitserkenntnis nur möglich ist, unter der Voraussetzung von Kategorien.
9. Damit ist gesagt, daß Kategorien nur im Bereich der Erfahrung Gültigkeit besitzen und nicht auf das Ding an sich angewendet werden dürfen. Kants Vergleich seiner

Entdeckung mit der kopernikanischen Drehung wird so verständlich: wir erkennen nur das a priori, was wir selbst in die Dinge hineinlegen. Der Verstand schreibt so der Natur gleichsam seine Gesetze vor; das bedeutet die Betonung der Spontaneïtät (schöpferische Fähigkeit) des Verstandes.

10. Aristoteles stellt die erste Kategorientafel auf. Kategorientafeln finden sich außerdem in der Stoa, bei Wolff, Hegel und Eduard von Hartmann.
11. Die Kategorientafel in Verbindung mit den synthetischen Grundsätzen geht auf die Wolffsche Ontologie zurück. Im Unterschiede zu Wolff schränkt Kant die Bedeutung der Kategorien auf die Erscheinungswirklichkeit ein. Demnach sind die Kategorien nicht Formen des Seins an sich, sondern nur des uns in der Erfahrung zugänglichen Seins.

IX. Durch Anwendung der Kategorien auf die Anschauungsformen Raum und Zeit entstehen die synthetischen Grundsätze apriori (Analytik der Grundsätze)

1. Damit ist die Zentralfrage der Kritik der reinen Vernunft »Wie sind synthetische Urteile apriori möglich?« gelöst.
2. Kant gliedert die synthetischen Grundsätze apriori in

a) Axiome der Anschauung:
»Alle Anschauungen sind extensive Größen.« (Satz der Extensität.)

b) Antizipationen der Wahrnehmung:
»In allen Erscheinungen hat das Reale, was ein Gegenstand der Empfindung ist, intensive Größe, d. h. einen Grad.« (Satz der Intensität.)

c) Analogien der Erfahrung:
Mantelgrundsatz: Erfahrung ist nur durch die Vorstellung einer notwendigen Verknüpfung der Wahrnehmungen möglich.

Das allgemeine Prinzip umfaßt drei spezielle Sätze:

α) »Bei allem Wechsel der Erscheinungen beharrt die Substanz und das Quantum derselben wird in der Natur weder vermehrt noch vermindert« (Substanzgesetz).

β) »Alle Veränderungen geschehen nach dem Gesetze der Verknüpfung der Ursache und Wirkung« (Kausalgesetz).

γ) »Alle Substanzen, sofern sie im Raum als zugleich wahrgenommen werden können, sind in durchgängiger Wechselwirkung.«

d) Postulate des empirischen Denkens überhaupt.

Sie enthalten die Definitionen der Begriffe Möglichkeit, Wirklichkeit und Notwendigkeit.

α) »Was mit den formalen Bedingungen der Erfahrung (der Anschauung und den Begriffen nach) übereinkommt, ist möglich.«

β) »Was mit den materialen Bedingungen der Erfahrung (der Empfindung) zusammenhängt, ist wirklich.«

γ) »Dessen Zusammenhang mit dem Wirklichen nach allgemeinen Bedingungen der Erfahrung bestimmt ist, ist (existiert) notwendig.«

3. Das Kausalprinzip findet seine erste Formulierung bei Demokrit. Hume bestreitet seine objektive Gültigkeit und führt Kausalität auf die psychologische Tatsache der Gewohnheit zurück. In Übereinstimmung mit Hume leugnet Kant die analytische Apriorität und synthetische Aposteriorität der Kausalität und behauptet gegen Hume ihre synthetische Apriorität.

4. Das Substanzgesetz wird zuerst von den Eleaten formuliert. »Das Seiende ist, das Nichtseiende kann nicht gedacht werden.« In Verbindung mit dem Gesetz von der Erhaltung der Energie bildet es eine der Grundvoraussetzungen der Physik (Lavoisier, Robert Mayer).

5. Aus dem Satz der Intensität »Jede Empfindung hat einen Grad« folgert Kant die Unmöglichkeit eines leeren Raumes. (Die Empfindungsintensität eines leeren Raumes wäre = 0.)

6. Möglich ist für Kant nur das, was mit den formalen Bedingungen der Erfahrung übereinstimmt.

Dadurch wird der Begriff der formal-logischen Möglichkeit, den Wolff vertreten hatte, eingeschränkt. Die bloße Widerspruchslosigkeit eines Begriffes genügt nicht.

So weist der Begriff Gottes zwar keinen logischen Widerspruch auf, dennoch ist er als Erkenntnisobjekt unmöglich, da ihm die Anschaulichkeit fehlt.

7. Die Summe der synthetischen Grundsätze bezeichnet Kant als Metaphysik der Natur. Die Grundsätze der Erfahrung sind zugleich Grundsätze der Natur.

X. Die Erfahrung ist für uns an Anschauung gebunden. Daher ist uns nur die Welt der Erscheinungen zugänglich. Transzendente Erkenntnis, d. h. Erkenntnis vom Ding an sich, ist unmöglich

1. Eine ähnliche Unterscheidung finden wir bei den Eleaten (Sein und Schein) und bei Plato (Ideen- und Sinnenwelt).
2. Erscheinung heißt nicht Schein. Kant bekämpft Berkeleys Idealismus, der nach seiner Meinung die Erfahrungswelt in bloße Illusion auflöst. Er betont die Solidität der Erscheinungswelt (vgl. Raum und Zeit, VI, Anm. 7).
3. Schopenhauer übersieht ein Hauptverdienst Kants, die Begründung der Objektivität der Erscheinungswelt, wenn er Erscheinung und Schein vertauscht.
4. Der Begriff des Dinges an sich ist einer der schwierigsten und umstrittensten in der Kantischen Philosophie. Die verschiedenen Kantinterpretationen haben hier ihren Ursprung. Man unterscheidet realistische und idealistische Kantianer, je nachdem sie im Ding an sich eine Realität oder einen bloßen Grenzbegriff sehen.

XI. Die Vernunft (als das Vermögen der unbedingten Ideen) sucht unabhängig von der Erfahrung das Ganze der Welt zu erfassen (Dialektik der reinen Vernunft)

1. Die Kritik dieses Vermögens führt Kant in der transzendentalen Dialektik. Analytik und Dialektik bilden zusammen die transzendentale Logik.
2. Der Ausdruck Dialektik wird zuerst von Plato verwendet (διαλέγεσθαι = sich unterreden). Plato versteht unter Dialektik seine Ideenlehre. Die Hegelsche Dialektik unterscheidet sich von der Kantischen dadurch, daß sie Real-

dialektik ist. Die logischen Widersprüche finden sich in der Realität selbst, da die Vernunft die Wirklichkeit bedeutet. Von Hegel übernimmt Marx den Begriff der Dialektik und wendet ihn auf die wirtschaftliche Entwicklung an.

3. Die Ideen sind zwar apriori, d. h. notwendige Produkte der Vernunft, aber sie haben nicht konstitutive Bedeutung wie die Kategorien des Verstandes, da sie nicht gegenstandsbezogen sind. Ideen haben nur regulative Bedeutung, d. h. sie regulieren den Verstandesgebrauch und schränken ihn auf das Gebiet der Erfahrung ein.
4. Vernunft ist das Vermögen der Ideen, Verstand das Vermögen der Begriffe.
5. Unter Vernunft in weiterem Sinne versteht Kant das gesamte Erkenntnisvermögen. Vernunft im engeren Sinne bildet den Gegenstand der transzendentalen Dialektik. Sie ist das Vermögen, unabhängig von jeder Anschauung zu Urteilen über das Unbedingte zu gelangen (Begriffe ohne Anschauung).
6. In Anlehnung an die Wolffsche Einteilung der speziellen metaphysischen Disziplinen gliedert Kant die Dialektik in eine Kritik der Kosmologie, Psychologie, Theologie.

XII. Kant widerlegt die rationalen Gottesbeweise (Kritik der rationalen Theologie)

1. Der kosmologische Gottesbeweis, zuerst von Aristoteles aufgestellt, erschließt aus dem Dasein der Welt das Dasein Gottes als Ursache. Dieser Beweis ist nach Kant unhaltbar, weil die Kausalkategorie nur im Bereich der Erfahrungswelt gilt und nicht auf Dinge an sich angewendet werden darf.
2. Der teleologische Gottesbeweis folgert die Existenz Gottes als eines zwecksetzenden Wesens aus der Tatsache der Zweckmäßigkeit der Welt. Diese ist hingegen bestreitbar. Weiter würde aus diesem Beweis nur die Existenz eines Weltbaumeisters, nicht aber eines Weltschöpfers, folgen.
3. Berühmt ist Kants Widerlegung des ontologischen Gottesbeweises, der auf Anselm von Canterbury zurück-

geht und auch bei Descartes auftritt. Aus dem Begriff Gottes als des vollkommensten Wesens wird seine Existenz gefolgert, da sonst ein vollkommeneres Wesen möglich wäre. Kant widerlegt diesen Beweis, indem er zeigt, daß die Existenz kein Merkmal darstellt, sondern nur eine Beziehung zu unserer Erkenntnis. (100 mögliche Taler weisen begrifflich dieselben Merkmale wie 100 wirkliche auf. Der Unterschied liegt in dem Gegebensein der wirklichen Taler.)

XIII. Die Erkenntnis der Totalität der Welt ist unmöglich. Die Vernunft verwickelt sich in Widersprüche (Antinomien) (Kritik der rationalen Kosmologie)

1. Es ergeben sich 4 Antinomien, d. h. kontradiktorisch widersprechende Sätze, die gleich stringent beweisbar sind.

	Thesis	Antithesis
a) Quantität	Die Welt hat der Zeit und dem Raume nach einen Anfang bzw. eine Grenze.	Die Welt hat keinen Anfang in der Zeit und dem Raume nach keine Grenzen.
b) Qualität	Alles in der Welt ist einfach oder aus Einfachem zusammengesetzt.	Nichts in der Welt ist einfach oder aus Einfachem zusammengesetzt.
c) Relation	Es gibt in der Welt eine Kausalität nach Freiheitsgesetzen. (Es existiert eine Freiheit in der Welt).	Es gibt keine Freiheit, sondern alles in der Welt geschieht lediglich nach Naturgesetzen.
d) Modalität	Es gehört zu der Welt als ihre Ursache ein schlechthin notwendiges Wesen.	Es gibt kein schlechthin notwendiges Wesen in der Welt, sondern alles in ihr ist zufällig.

2. Die Lehre von den Antinomien bildet ein Kernstück der Kantischen Philosophie. Die Entdeckung der Antinomien war für Kant der Schlüssel zur Entdeckung seiner transzendentalen Methode überhaupt.
3. Auflösung der Antinomien. Kant löst die Antinomien, indem er nachweist, daß der kontradiktorische Gegensatz von Thesis und Antithesis nur ein scheinbarer ist. Der Begriff der Welt, über die Aussagen getroffen werden, ist doppeldeutig: In der Thesis bedeutet Welt = Ding an sich, in der Antithesis Erscheinungswelt. Hier wird am besten die Mittlerrolle Kants klar. Die transzendentale Methode setzt ihn in die Lage, einen Ausweg aus den Widersprüchen der Vernunft zu finden. In der ersten und zweiten Antinomie sind Thesis und Antithesis falsch. In der dritten und vierten Antinomie schließen sich Thesis und Antithesis nicht aus.
4. Schon bei dem Eleaten Zeno taucht die Antinomie zwischen Vielheit und Einheit, Bewegung und Ruhe auf.

   Der ältere Rationalismus glaubte eine Lösung gefunden zu haben, indem er gewaltsam die Sinnenwelt für bloßen Schein erklärte.

XIV. Kant bekämpft auch die rationale Psychologie als transzendent. Sie verdinglicht die Seele und beruht auf leeren Begriffsspekulationen (Paralogismen der reinen Vernunft)

1. Wolff versuchte mit rationalen Mitteln die Unsterblichkeit der Seele zu beweisen. Sie wird aus der Einfachheit und Personalität gefolgert.
2. Kant bezeichnet in den »Paralogismen der reinen Vernunft« diese Beweise als Erschleichungen. Auch die Seele ist für uns wie die physische Welt nur Erfahrungsobjekt.
3. Theoretisch läßt sich die Unsterblichkeit der Seele nicht beweisen. Auf praktischem Gebiet versucht Kant einen Beweis zu führen, indem er sie als sittliche Notwendigkeit fordert (Postulate der praktischen Vernunft).
4. Wie die Gegenstände der Außenwelt im Raum, so sind uns seelische Objekte in der Zeit gegeben. Das bedeutet, daß

die Seele in derselben Weise der Erscheinungswirklichkeit angehört. Die Seele als Ding an sich ist kein Gegenstand der Erkenntnis. Kant beschränkt sich in der Kritik der reinen Vernunft auf eine Erkenntnistheorie der physischen Wirklichkeit.

5. Das Seelenvermögen Vernunft ist bei Kant lediglich als funktionell anzusehen. Sie ist nicht als seelische Realität aufzufassen, wie es der metaphysische Idealismus (z. B. Fichte, Hegel) tut.
6. Im Gegensatz zu Kant hatte Berkeley nur die physische Welt als phänomenal erklärt, jedoch das Ansichsein der psychischen nicht bestritten. Für Kant stehen physische und psychische Wirklichkeit hinsichtlich ihrer Phänomenalität auf einer Stufe.

XV. Die theoretische Vernunft beschränkt sich auf das Reich der Erscheinungswelt. Durch den Begriff der Freiheit gelangen wir in das Reich des Intelligiblen. Der praktischen Vernunft wird deswegen der Primat zuerkannt

1. In der dritten Antinomie zeigt Kant, daß der Begriff der Freiheit zwar denkbar (logisch möglich), aber nicht theoretisch erkennbar ist. Die Anerkennung findet der Freiheitsbegriff in der praktischen Vernunft.
2. Von einem Primat der praktischen Vernunft über die theoretische dürfen wir deswegen sprechen, weil die praktische Vernunft das Reich des Unbedingten erfaßt, während die theoretische Vernunft auf das Reich des Bedingten beschränkt bleibt (Unter Bedingungen sind Raum-Zeit und Kategorien zu verstehen).
3. Die Betonung des Primats der praktischen Vernunft bildet den Ausgangspunkt für Fichtes ethisch-metaphysischen Idealismus. Das sittliche Ich wird von ihm zur weltschöpferischen Potenz erhoben.
4. Die Trennung in praktische und theoretische Vernunft ist oft angegriffen worden. Man hat sie mit der scholastischen Trennung von Wissen und Glauben verglichen, da Kant die

Spekulationen, die er in der theoretischen Philosophie ablehnt, in der praktischen zu beweisen sucht.

B. Praktische Philosophie

I. Die wesentlichste Leistung der praktischen Vernunft ist die Aufstellung des kategorischen Imperativs

1. Kant versucht die Gliederung der Kritik der reinen Vernunft auch für das Gebiet der praktischen Vernunft zu übernehmen. Es findet sich eine Analytik und eine Dialektik der praktischen Vernunft.
2. Er unterscheidet kategorische (unbedingte) und hypothetische (bedingte) Imperative. Der hypothetische Imperativ bezeichnet die Mittel, die zur Erreichung eines gegebenen Zieles erforderlich sind. (»Die Handlung wird nicht schlechthin, sondern nur als Mittel zu einer anderen Absicht geboten.«)

   Der kategorische Imperativ gebietet unbedingt, d. h. unabhängig von jeder Zielsetzung: »Handle so, daß die Maxime deines Willens jederzeit zugleich als Prinzip einer allgemeinen Gesetzgebung gelten könne.«
3. Der kategorische Imperativ ist die Formel für ein formal-apriorisches Sittengesetz. (In Analogie zu dem Apriori der theoretischen Vernunft z. B. Kausalprinzip.)
4. Empirische Prinzipien sind für die Ethik ungeeignet, da sie
   a) relativ, d. h. ohne Allgemeingültigkeit,
   b) eudämonistisch sind, d. h. Lust voraussetzen. Bei Verwendung empirischer Prinzipien würde die Pflicht in Abhängigkeit von subjektiven Stimmungen und Launen geraten.
5. Empirische Prinzipien der Ethik sind z. B. Glückseligkeit, Apathie (Freiheit von Affekten, Stoa), Ataraxie (seelische Unerschütterlichkeit), Lust (Epikur) größtmögliches Glück der größtmöglichen Zahl (Bentham), ewige Seligkeit (Christentum).
6. Der Kantischen Ethik wird häufig Formalismus vorgeworfen. Es ist dabei zu berücksichtigen, daß Kant keine einzelnen Morallehren, sondern eine Grundlegung der Ethik geben will.

II. Der Mensch ist nicht nur Vernunft- sondern auch Sinnenwesen. So entsteht der Konflikt zwischen Pflicht und Neigung

1. Kant unterscheidet zwischen intelligiblem und empirischem Ich. In diesem Sinne spricht er von dem Menschen als Bürger zweier Welten.
2. Das intelligible Ich, das dem Reich der Dinge an sich angehört, ist Schöpfer des Sittengesetzes. (Autonomie.)
   Im Gegensatz dazu steht die heteronome Ethik, die das Sittengesetz z. B. auf den Willen Gottes oder der Gesellschaft zurückführt.
3. Die Neigungen haben ihren Ursprung im empirischen Ich. Die Qualität der Neigungen spielt im Gegensatz zur Pflicht keine Rolle.
4. Legal ist eine Handlung, wenn sie objektiv mit dem Sittengesetz übereinstimmt, moralisch erst dann, wenn ihre Triebfeder die Achtung vor dem Gesetz ist.
5. Die psychologische Triebfeder des sittlichen Handelns ist das Gefühl der Achtung, das von den Lustgefühlen zu trennen ist.
6. Trotz der Autonomie hält Kant an der Determiniertheit der empirischen Handlungen fest.

III. Die Postulate der praktischen Vernunft, die theoretisch nicht erwiesen werden konnten, sind Existenz Gottes, Freiheit des Willens und Unsterblichkeit der Seele

1. Die sittliche Weltordnung fordert die Annahme
   a) der Existenz Gottes (es muß ein Wesen existieren, das den Ausgleich zwischen Tugend und Glückseligkeit schafft),
   b) der Freiheit des Willens (die Freiheit ist die Voraussetzung für sittliches Handeln. Das Sittengesetz wäre sonst sinnlos. »Du kannst, denn du sollst«),
   c) der Unsterblichkeit der Seele (die Seele kann in einem endlichen Leben nicht zur sittlichen Vollendung gelangen).
2. Die Freiheit nimmt die Zentralstellung unter den Postulaten ein. Sie ist »causa essendi« (Seinsgrund) des Sitten-

gesetzes, während allerdings dieses die »causa cognoscendi« (Erkenntnisgrund) der Freiheit ist.

3. Die Lehre von den Postulaten wurde besonders häufig angegriffen.

C. Die übrigen Disziplinen

I. Kants Ästhetik hat formalen Charakter. Die ästhetischen Grundgefühle des Schönen und Erhabenen entstehen aus dem freien Spiel der Vorstellungskräfte

1. Wie auf theoretischem und ethischem Gebiet sucht Kant auch für das Ästhetische apriorische Gesetze aufzustellen.
2. Die beiden ästhetischen Zentralbegriffe sind die des Schönen und Erhabenen.

a) Schön ist, was ohne alles Interesse, d. h. ohne alle Beziehung zum praktischen Begehren, ohne Begriff allgemein und notwendig gefällt, da es zweckmäßig ist, jedoch ohne Vorstellung eines Zweckes, d. h. da es das freie Spiel unserer Erkenntniskräfte, der Phantasie und des Verstandes anregt.

b) Das Gefühl des Erhabenen entspringt aus dem freien Spiel von Einbildungskraft und Vernunft.

3. Das ästhetische Gebiet wird von Kant in der Kritik der Urteilskraft im Zusammenhang mit der Naturteleologie behandelt. Es stellt das subjektiv Zweckmäßige dar.
4. Das Schöne wird vom Angenehmen, vom Guten und vom objektiv Zweckmäßigen unterschieden. Damit überwindet Kant die empiristische, moralistische und rationalistische Ästhetik.
5. Das gesamte Vermögen der Vernunft wird von Kant in ein theoretisches (Kritik der reinen Vernunft), ein praktisch-ethisches (Kritik der praktischen Vernunft) und ein ästhetisches (Kritik der Urteilskraft) eingeteilt. Das ästhetische bildet ein Bindeglied zwischen der Welt des Seins und der des Sollens.
6. Die klassische deutsche Dichtung wurde von Kants Ästhetik entscheidend beeinflußt. Schiller bildete sie fort.
7. Im Gegensatz zu Kants formaler Ästhetik stehen Hegels

und Schopenhauers Ästhetik. Beide sind material, da die Inhalte der ästhetischen Betrachtung wesentlich das Ästhetische bestimmen. Ferner die experimentelle Ästhetik Fechners.

II. Kants Geschichtsphilosophie steht im Zeichen der Aufklärung

1. Der Rechtsstaat fordert eine Verfassung, nach der »die Freiheit eines jeden ihrer Glieder nur durch die Bedingung ihrer Zusammenstimmung mit der Freiheit aller anderen eingeschränkt ist«.
2. Kant vertritt die Lehre von der Volkssouveränität sowie die Staatsvertragstheorie. Ideale Staatsform ist die Republik. Er fordert Gleichheit vor dem Gesetz, Abschaffung aller Privilegien, Freiheit der Meinungsäußerung und der Presse, Völkerbund und ewigen Frieden (»Zum ewigen Frieden« 1795).
3. Der Zweck der Geschichte ist die vollständige Entwicklung der in der Menschennatur liegenden Anlagen.

III. Die Religionsphilosophie fordert den allmählichen Übergang vom historisch-statutarischen zum Vernunftglauben

1. Religion ist Anerkennung aller unserer Pflichten als göttlicher Gebote.

ZWEITER TEIL

NACHKANTISCHE PHILOSOPHIE

Erster Abschnitt

Philosophie im Zeitalter des deutschen Idealismus

1. Kants Anhänger und Gegner

Kants Philosophie bedeutet den Beginn einer idealistischen Spekulation, die in Fichte-Schelling-Hegel-Schleiermacher-Schopenhauer ihren Höhepunkt erlebt. Unter Betonung des Subjektbegriffes versuchen sie den geistigen Gehalt der Welt zu bestimmen, teils als sittlichen Willen (Fichte), als ästhetische Zweckkraft (Schelling) oder als rein logische Abfolge (Hegel).

I. Die unmittelbar auf Kant folgenden Philosophen bemühen sich, die Widersprüche im System Kants auszugleichen (Beck, Maimon, Reinhold, Schiller, Schulze-Änesidemus)

1. Reinhold (1758—1823) sucht das Bewußtsein zum Prinzip der Transzendentalphilosophie zu machen. Aus ihm sollen die Kategorien systematisch abgeleitet werden.
   In ähnlichen Bahnen bewegt sich die »Standpunktsphilosophie« von Sigismund Beck.
2. Maimon (1754—1800) versucht den Begriff des Dinges an sich auszuschalten, da doch auch der Stoff der Erkenntnis, nicht nur die Formen Produkt des Bewußtseins sei. Seine Philosophie ist eine der Voraussetzungen der Fichteschen Philosophie.
3. Von Jakobi (1743—1819) stammt der Ausspruch, daß man ohne das Ding an sich in das Kantische System nicht hineinkomme, mit ihm jedoch nicht darin bleiben könne.
4. Friedrich Schiller (»Über Anmut und Würde«, »Ästhetische Erziehung des Menschen«) bildete die Kantische Philosophie auf ethischem und ästhetischem Gebiete fort. Auf ethischem Gebiet bekämpft er die Kantische Trennung

von Pflicht und Neigung. Er sucht den ethischen Rigorismus durch das Ideal der schönen Seele zu überwinden, in der Pflicht und Neigung zusammenfallen.

Auf ästhetischem Gebiet unterscheidet Schiller den Stoff- und Formtrieb, deren Vereinigung der Spieltrieb ist. Der Spieltrieb ist die Quelle der Kunst und des ästhetischen Genusses.

II. Die Sturm- und Drangphilosophie, entscheidend von Rousseaus Gefühlsphilosophie beeinflußt, betont die Unmittelbarkeit und Aktivität des Geistes. Sie steht damit in einem gewissen Gegensatz zu Kant, der im wesentlichen an der Aufklärung orientiert ist

1. An Kant wird besonders die Trennung von Sinnlichkeit und Verstand getadelt.
2. Jakobi (1743—1819) betont im Gegensatz zum Kritizismus und Skeptizismus den Glauben als unmittelbare Erkenntnisquelle. Fühlen, Anschauen, Glauben sind eine Einheit. Erkenntnistheoretisch ist Jakobi naiver Realist.
3. Herder (1744—1803) führt eine neue antiaufklärerische Geschichtsauffassung ein, die die Immanenz von Gott und Welt, Vernunft und Wirklichkeit lehrt. Sie bildet damit eine Vorstufe der Hegelschen Geschichtsphilosophie.
4. Pestalozzi sieht den Wert der Erziehung in der Entfaltung der individuellen Kräfte.

2. Fichte

Leben: * 1762 in Rammenau (Lausitz). Er studierte in Leipzig Theologie, wird zunächst Spinozist. In Zürich vom Sturm und Drang beeinflußt, seit 1791 mit der Kantischen Philosophie bekannt. Berühmt wurde er durch seine Schrift »Kritik aller Offenbarung«, die man zunächst irrtümlich Kant zuschrieb. 1794 Professor in Jena. Nach dem Atheismusstreit 1799 begibt er sich nach Berlin, wo er in dem romantischen Kreis verkehrt. † 1814 in Berlin.

Werke: 1792 Kritik aller Offenbarung. — 1794 Grundlage der Wissenschaftslehre. — 1804 Grundzüge des gegenwärtigen Zeitalters. — 1808 Reden an die deutsche Nation.

III. Fichte versucht aus dem Subjekt (absolutes Ich) den gesamten Weltinhalt abzuleiten. Er erklärt den Begriff des Dinges an sich für widerspruchsvoll

1. Er entscheidet sich ausgehend vom Subjektbegriff für den Idealismus. Dogmatismus und Idealismus erkennt er als ursprünglich gleichberechtigt an. Er stellt den Idealismus über den Dogmatismus, da es nicht möglich ist, aus der toten Materie das Bewußtsein abzuleiten (»Materialismus«). Dagegen ist eine Ableitung der Materie aus dem Bewußtsein ohne weiteres verständlich.
2. Fichte glaubte mit seinem System die Konsequenz aus dem Kantischen Kritizismus zu ziehen. Kant selbst lehnte jedoch Fichtes Lehre als unkritisch ab.
3. Fichte erhebt den Gedanken der Form zum alleinigen Prinzip, indem er versucht, auch den Inhalt aus der Form abzuleiten.
4. Nicht nur die Formen der Wirklichkeit, die Kategorien, sondern auch der materiale Inhalt geht auf die schöpferische Tätigkeit des Ich zurück. In dieser Lehre ist der Einfluß des Sturmes und Dranges (Aktivität des Geistes) auf Fichte zu erkennen.

IV. Das Ich als sittlicher Wille bedarf eines Materials zur Betätigung und schafft aus sich selbst heraus das „Nicht-Ich", d. h. die Materie

1. Man nennt diesen Standpunkt metaphysischen Idealismus, da er das Wesen der Welt im geistigen Ich sieht.

   Bei Heraklit zeigen sich die ersten Tendenzen zu einem metaphysischen Idealismus. In Platos Ideenlehre hat der metaphysische Idealismus seinen klassischen Höhepunkt gefunden. Leibniz und Berkeley sind gleichfalls als Vertreter dieser Weltanschauung zu nennen. Nach Fichte setzt sich die idealistische Entwicklung in Schelling und Hegel fort.

2. Im absoluten Ich erkennt Fichte eine Realität an sich (»Tathandlung an sich«) und überschreitet damit den kritischen Standpunkt Kants.
3. Im Gegensatz zu Schelling und Hegel vertritt Fichte einen ethischen Idealismus, indem er im Ethischen die Grundkraft des Geistes sieht. Schelling betrachtet die Welt als ein Kunstwerk des Geistes (ästhetischer Idealismus). Hegels absoluter Idealismus sieht in der logischen Abfolge der geistigen Erscheinungen das Weltprinzip (Panlogismus).
4. Zu unterscheiden von Fichtes ethischem Voluntarismus ist der biologische Schopenhauers, der den biologischen Triebwillen als Weltprinzip ansieht.
5. Fichte ist erkenntnistheoretischer Idealist, d. h. er betrachtet die Außenwelt als bloße Vorstellung des Ichs. Er zeigt darin Verwandtschaft mit Berkeley, doch unterscheidet er sich von ihm durch die Annahme apriorischer Erkenntnis.
6. Die Einzelichs sind immanente Bestandteile des absoluten Ich. Nicht das Einzelich ist als Weltprinzip zu verstehen, sondern das Gesamtich (absolutes Ich).
7. Fichtes Idealismus, der das Ich als alleinige Realität ansieht, ist von Gegnern als Solipsismus bezeichnet worden. Der Vorwurf ist unberechtigt, da Fichte unter Ich nicht ein individuelles Einzelich meint, sondern das universale.
8. Da der Natur nur vorgestellte Realität zukommt, spielt die Naturphilosophie bei Fichte notwendigerweise eine untergeordnete Rolle. Schelling sucht deshalb Fichtes System durch eine Naturphilosophie zu ergänzen.

3. Romantik

V. Unter Romantik ist die antiaufklärerische Kulturwelle zu verstehen, die unter Verwerfung der abstrakten Aufklärungsideale die Geschichte und die in ihr wirkenden unmittelbaren geistigen Kräfte betont

1. Damit verbunden ist die Betonung des Organischen, historisch Gewordenen (zum Unterschied vom Mechanischen, verstandesmäßig Reflektierten).

2. Die Romantik äußerte sich nicht nur auf philosophischem Gebiet, sondern im Gesamtbereich der Kultur
a) literarisch. Zurückstreben zu primitiven Zuständen, zum Mittelalter.
b) auf sprachwissenschaftlichem Gebiet. Die Sprache ist keine Erfindung, sondern ein Erzeugnis des unbewußt schaffenden Kollektivgeistes.
c) auf religionswissenschaftlichem Gebiet. Die Religion wird als historischer Prozeß gewürdigt und gerechtfertigt. Man wendet sich von der abstrakten Vernunftreligion der Aufklärungszeit ab.
d) auf wirtschaftlichem Gebiet. Die Wirtschaftsformen werden nicht auf bewußt-absichtlichem Verstand, sondern auf unbewußte Tätigkeit der historischen Vernunft zurückgeführt (Adam Müller). Damit hängt die Rückkehr zu mittelalterlichen Wirtschaftsformen zusammen.
e) auf geschichtsphilosophischem Gebiet. Die Geschichte ist nicht das Produkt des zwecksetzenden Verstandes, sondern des unbewußt schaffenden Kollektivgeistes.
f) auf politischem Gebiet werden alle Staatstheorien verworfen, die (vom Individuum ausgehend) den Staat als einen Vertrag der Individuen erklären. (Staatsvertragstheorie.) Die organische Staatstheorie, nach der das Ganze des Staates den Vorrang vor den Individuen hat, ist ein wesentlicher Ausdruck der Romantik.
g) auf rechtsphilosophischem Gebiet wird das Natur-(Vernunft-)recht bekämpft. Das Recht ist ein Ausfluß der Volksseelen.
3. Die Romantik ist in der Philosophie des Sturmes und Dranges vorbereitet. Vgl. auch Fichtes »allg. Ich«.

4. Schelling

Schellings Philosophie ist in fortwährender Umbildung begriffen. Ihr Ausgangspunkt ist Fichtes System.

Leben: * 1775 in Leonberg bei Stuttgart. Schelling verteidigte das Fichtesche System. 1798 in Jena. Bald entfernte er sich von Fichte. Später Professor in Würzburg und München. 1840 von Friedrich Wilhelm IV. zur Bekämpfung des radikalen Hegelianismus nach Berlin gerufen. — † 1854 in Ragaz.

Werke: 1797 Ideen zu einer Philosophie der Natur. — 1799 System der Naturphilosophie. — 1800 System des transzendentalen Idealismus. — 1802 Bruno oder über das natürliche und göttliche Prinzip der Dinge.

I. Schelling sucht die Subjektivitätsphilosophie Fichtes durch eine Naturphilosophie zu ergänzen. Ist die Natur ein Produkt des Geistes, so muß sie selber geistig sein (objektiver Idealismus)

1. Schelling erkennt der Natur Realität an sich zu und kehrt also zum erkenntnistheoretischen Realismus zurück. Damit wird eine der wesentlichen Leistungen der Kantischen Philosophie preisgegeben.
2. Er ist der eigentliche Philosoph der Romantik. Unter Geringschätzung der modernen empirischen Naturwissenschaft sucht er das »innerste Wesen« der Natur zu erkennen.

II. In seiner zweiten Phase betrachtet Schelling Natur und Geist als verschiedene Entwicklungsreihen, die im Absoluten (Indifferenz der Gegensätze) zusammenfallen (Identitätsphilosophie)

1. Das Absolute entfaltet sich in verschiedenen Potenzen. Beispiel: Materie, Anorganisches, Organisches — Wahrheit, Güte, Schönheit.
2. Schelling knüpft mit dieser Lehre wieder an Spinoza an, der in seinem Parallelismus die beiden Reihen des Physischen und Psychischen gegenüberstellt.
3. Die Ableitung dieser beiden Reihen aus dem Absoluten ist Schelling nicht gelungen. (Hier setzt Hegel mit dem Versuch ein, die Notwendigkeit der Entwicklung des Absoluten zu beweisen.)
4. Die »geniale Intuition« ist für Schelling die Methode zur Erkenntnis des Absoluten. Damit steht er in vollem Gegen-

satz zu Kants kritischen Bemühungen. In dieser Anschauung zeigt sich deutlich das romantische Element.
5. Schopenhauer zeigt in seiner Ideenlehre (Stufenlehre) eine Verwandtschaft mit der Potenzenlehre Schellings.
6. Die Philosophie ist vorwiegend ästhetisch orientiert.

5. Hegel

Leben: * 1770 in Stuttgart, studiert mit Schelling, 1801 Dozent in Jena, 1816 in Heidelberg, 1818 in Berlin Professor, wo er mit steigendem Ruhme seine Philosophie zur offiziellen Staatsphilosophie erhebt. † 1831 in Berlin.

Werke: 1807 Phänomenologie des Geistes (Schilderung des Entwicklungsganges des Geistes). — 1812/16 Wissenschaft der Logik. — 1817 Enzyklopädie der philosophischen Wissenschaften. — 1821 Grundlinien der Philosophie des Rechts. Vorlesungen über die Philosophie der Geschichte.

I. Die Vernunft ist das Weltprinzip. Die Entwicklung dieses Weltprinzips ist die Welt. Die Welt ist niemals statisch, sondern nur als dynamische Entwicklung der Vernunft zu begreifen

1. Man nennt diesen Standpunkt Panlogismus, da alles Seiende als Vernunft nachgewiesen wird (pan-logos).
2. Die Entwicklung des Weltprinzips ist nicht zeitlich, sondern logisch-absolut zu verstehen.
3. Hegels System ist metaphysischer Idealismus, da das Weltprinzip die Vernunft ist.
4. Während Schopenhauer das Weltprinzip, den Willen, als eine unvernünftige blinde Kraft ansieht, bedeutet das Weltprinzip für Hegel eine sinnvolle Entwicklung. Man nennt darum seine Auffassung metaphysischen Optimismus. »Alles Vernünftige ist wirklich, alles Wirkliche ist vernünftig.«
5. Während Kant in der Vernunft ein kritisches Vermögen sieht, besitzt die Vernunft für Hegel metaphysische Realität, d. h. sie ist das eigentlich Wirkliche. (»Die Vernunft ist nicht so ohnmächtig, es nur zum Sollen zu bringen; sie setzt sich durch.«)

6. Wie bei Schelling liegt auch bei Hegel erkenntnistheoretischer Realismus vor, da die Welt an sich besteht.
7. Hegel gehört in die idealistische Entwicklungsreihe, die mit Heraklit beginnt. Platos Ideenlehre ist der vollkommenste Ausdruck des Idealismus. In der Neuzeit sind Leibniz und Berkeley, Fichte und Schelling weitere Glieder. Auch Schopenhauer ist trotz seiner Gegnerschaft zu Hegel als metaphysischer Idealist anzusprechen. Nach dem Zusammenbruch des Hegelschen Idealismus suchen Fechner und Lotze diesen mit der Naturwissenschaft auszusöhnen.
8. Vernunft bedeutet für Hegel, was für Schelling das Absolute, für Fichte das Ich bedeutet. Sie ist für Hegel zugleich Subjekt und Substanz.
9. In der Gleichsetzung von Vernunft und Wirklichkeit liegt ein großer erkenntnistheoretischer Optimismus begründet. Unter diesem Gesichtspunkt sind alle Probleme der Metaphysik lösbar. Die Erkenntnistheorie wird als überflüssig verworfen. Hegel will die letzten Gründe der Welt erkennen und im Gegensatz zu Kant der Erkenntnis keine Schranken setzen.
10. Hegels System ist pantheistisch, da die Vernunft in die Welt hineingezogen wird.
11. »Das Wahre ist das Ganze«, d. h. einzelne Phasen der Entwicklung sind unselbständig und nur Momente des Ganzen. Das Besondere ist nicht absolut, sondern nur Organ des Absoluten.

II. Die Methode der Entwicklung ist dialektisch. Durch Entgegensetzung von Thesis und Antithesis entsteht die Synthesis

1. Der Begriff Dialektik findet sich zuerst bei den Sophisten. Bei Plato bedeutet Dialektik Ideenlehre. In Kants Kritik der reinen Vernunft ist Dialektik Kritik der rationalen Metaphysik. Der Marxismus geht durch Umkehrung des metaphysischen Grundprinzips unter Beibehaltung der dialektischen Methode auf die Hegelsche Dialektik zurück.
2. Die dialektische Lehre von der Entwicklung aus Gegen-

sätzen findet sich bereits bei Heraklit »Der Streit ist der Vater aller Dinge«.

3. Hegel redet von einer Selbstbewegung des absoluten Geistes, d. h. durch Entgegensetzung von Thesis und Antithesis treibt die Vernunft aus sich selbst die Entwicklung vorwärts.
4. Da bei Hegel Vernunft und Wirklichkeit zusammenfallen, ist die Dialektik nicht nur logisch, sondern auch real. Es handelt sich also nicht nur um gedachte, sondern um wirkliche Gegensätze.
5. Durch den dialektischen Fortschritt wird die jeweils frühere Stufe der Entwicklung in dreifachem Sinne »aufgehoben«

a) im Sinne von zerstören (tollere),
b) im Sinne von erhalten (conservare),
c) im Sinne von erheben (elevare).

Die Entwicklung ist nicht bloße Negation, z. B. ist die Vergangenheit in der Gegenwart enthalten.

III. Die Vernunft entwickelt sich so aus ihrem An-sich-Sein zur Natur, ihrem „Außersichsein". Die Synthese wird dadurch erreicht, daß die Vernunft zu sich selbst zurückkehrt (An-und-für-sich-Sein)

1. Um den Idealismus durchführen zu können, muß Hegel die Natur als im eigentlichen Sinne »geistig« nachweisen.
2. Die Natur ist nicht wie nach Berkeley Vorstellung eines Geistes, sondern wie bei Leibniz selbst geistig. (Objektiver Idealismus.)
3. Das System Hegels zerfällt in drei Teile, entsprechend der Dreiteilung in Vernunft an sich, Natur und in sich zurückgekehrte Vernunft: Logik, Naturphilosophie, Geistesphilosophie.

IV. Der Geist an sich (das Absolute, Gott vor Erschaffung der Welt) sind die Kategorien. Diese entwickeln sich dialektisch auseinander

1. So entsteht z. B. aus Sein und Nichts dialektisch der Begriff des Werdens, d. h. der Synthese von Sein und Nichts.

2. Theologie ist demnach identisch mit Kategorienlehre.
3. Ansätze zu einer Kategorientafel finden wir schon bei den Sophisten. Aristoteles stellt die erste Kategorientafel auf. Die wichtigste Zusammenstellung von Kategorien findet sich bei Kant (bereits bei ihm sind Ansätze zu einer dialektischen Entwicklung der Kategorien zu finden, indem die dritte Kategorie jeweils die Synthese aus den beiden vorangehenden darstellt, z. B. Einheit, Vielheit, Allheit). Im 19. Jahrhundert hat Eduard von Hartmann Verdienste um die Kategorienlehre.
4. Die Kategorienlehre Hegels weist im einzelnen zahlreiche Gewaltsamkeiten auf. Sie bildet daher einen der am häufigsten angegriffenen Punkte des Hegelschen Systems.
5. Kategorien sind höchste, abstrakteste, formalste Begriffe des Seins, bzw. Erkennens. Im Gegensatz zu ihnen stehen die empirischen Begriffe des täglichen Lebens und der positiven Wissenschaft.
6. Nach Kant versucht zunächst Reinhold die Kategorien aus einer höchsten Einheit abzuleiten. Fichte setzt dieses Unternehmen fort.

V. Natur, das Außersichsein der Vernunft durchläuft die Phasen der Mechanik, Physik und Organik

1. Der Geist an sich ist latentes Prinzip. Um sich zu erkennen, muß er sich seiner selbst entäußern. Das geschieht in der Natur.
2. Die Naturphilosophie ist der schwächste Teil des Hegelschen Systems. Die Naturwissenschaft wandte sich gegen ihre apriorischen Konstruktionen.

VI. Auf einer höheren Stufe kehrt der Geist zu sich selbst zurück. Auf dem Wege seiner Entwicklung durchläuft er folgende drei Stadien
a) subjektiver Geist,
b) objektiver Geist,
c) absoluter Geist.

1. Der subjektive Geist äußert sich im Bewußtsein als Vorstellung, Empfindung, Gefühl.

2. Der subjektive Geist ist der Gegenstand der Psychologie.
3. In der »Phänomenologie des Geistes« schildert Hegel die Entwicklung von der niedersten Stufe bis zur Höhe des Bewußtseins.

VII. Recht, Sitte und Staat sind als Realisierung des objektiven Geistes zu betrachten

1. Im Gegensatz zum subjektiven Geist schafft der objektive Geist objektive Gebilde, z. B. Rechtsorganisation, Gesetze, Familie, staatliche Gebilde.
2. Diese Lehre bildet die Grundlage einer romantischen Geschichtsauffassung. Sie steht damit im Gegensatz zur individualistischen Theorie der Aufklärung (Hobbes-Spinoza-Grotius-Rousseau).
3. Durch diese Philosophie wurde Hegel der eigentliche preußische Staatsphilosoph.
4. Die großen historischen Individuen sind die »Geschäftsführer des Weltgeistes«, diejenigen, deren eigene »partikuläre Zwecke das Substantielle enthalten, welches Wille des Weltgeistes ist«.
5. Der Staat ist die Vollendung des objektiven Geistes. Seine Aufgabe ist die Verwirklichung der Kultur.
6. Der einzelne Staat ist ein Moment der geschichtlichen Entwicklung. Die einzelnen Volksgeister sind Werkzeuge des Weltgeistes.

VIII. Im absoluten Geist gelangt das Weltprinzip (Weltgeist) zur höchsten Stufe. In Kunst, Religion und Philosophie erkennt er sich selber. Der Inhalt ist stets der gleiche: Das Weltprinzip in seiner Entwicklung

1. Religion, Kunst und Philosophie unterscheiden sich nur der Form nach. In der Kunst hat der Geist seinen Gegenstand in der Form der Anschauung, in der Religion in der Form der Vorstellung, in der Philosophie in der Form des Begriffs.
2. An diese Unterscheidung knüpft sich der Streit innerhalb der Hegelschen Schule. Während die konservativen Ele-

mente in ihr die Rechtfertigung der Glaubenslehren sahen, erklärten die Radikalen, daß die Religion durch die Philosophie als der höheren Stufe überwunden sei und somit der Religion nur noch historische Bedeutung zukomme.

3. Auch die Geschichte der Philosophie wird unter dem Gesichtspunkt der dialektischen Entwicklung betrachtet. Die zeitliche Aufeinanderfolge der Systeme ist zugleich ein Ausdruck ihrer logisch-sachlichen Entwicklung.

6. Schopenhauer

Leben: Arthur Schopenhauer, Sohn eines wohlhabenden Kaufmannes, * 1788 in Danzig, studiert in Göttingen und Berlin. 1820 Dozent an der Berliner Universität, von 1831 bis zu seinem Tode in Frankfurt a. M. † 1860.

Werke: 1813 Von der vierfachen Wurzel des Satzes vom zureichenden Grunde (Dissertation, Erkenntnistheorie). — 1819 Die Welt als Wille und Vorstellung (mit Anhang: Kritik der Kantischen Philosophie) (Hauptwerk). — 1840 Die beiden Grundprobleme der Ethik (Preisschriften). — 1851 Parerga und Paralipomena.

Schopenhauer stellt nicht die Vernunft, sondern den Willen zum Leben in den Mittelpunkt seines Systems.

I. Die physische Welt ist nur eine Welt der Vorstellung (Phänomenalismus)

1. Dieser Fundamentalsatz der Schopenhauerschen Philosophie hat seine Wurzel in der Kantischen Unterscheidung von Ding an sich und Erscheinungswelt, und in dem Idealismus Berkeleys. Auch von der indischen Philosophie und ihrem Illusionismus ist Schopenhauers Erkenntnislehre beeinflußt.
2. Die Formen der Vorstellungserkenntnis sind Raum, Zeit und Kausalität.
3. Schopenhauer spricht von einer vierfachen Wurzel des Satzes vom zureichenden Grunde (Kausalsatz). Er unterscheidet

a) causa essendi (Grund des Seins) z. B. ein Raumteil ist der

Grund für den benachbarten Raumteil, die jetzige Minute Grund für die folgende.

b) causa fiendi (Grund des Geschehens) Naturkausalität z. B. Anstoß der Kugel B durch die Kugel A.

c) causa agendi (Grund des Handelns). Dieser Grund betrifft die Motive des Handelns.

d) causa cognoscendi (Grund des Erkennens, logischer Grund). Jedes Urteil muß einen logischen Grund haben.

4. Die zwölf kantischen Kategorien werden von Schopenhauer auf die eine der Kausalität reduziert.

5. Der Kausalsatz vermittelt uns nur Erkenntnis und Zusammenhänge von Erscheinungen und nicht von Dingen an sich. Wir skizzieren gleichsam die Fassade des Schlosses, ohne in sein Inneres zu gelangen.

6. Der Kantische Erscheinungsbegriff ist durchaus objektiv und real und dient der Begründung der Realität der Erfahrungswelt, während Schopenhauer diese in Schein auflöst. In diesem Geiste ist auch die Kritik des Kantischen Systems gehalten, die Schopenhauer seinem Hauptwerk anfügt.

II. Der Wille ist das Ding an sich (Voluntarismus). Er objektiviert sich in der Körperwelt

1. Die Methode dieser Erkenntnis ist die intuitive Selbstbetrachtung. Im Selbstbewußtsein erkennt sich der Mensch unter Ausschaltung der Erfahrung als wollend. Durch Analogie schließen wir, daß auch hinter den außer uns existierenden Objektivationen ein Wille steht. So ist die ganze organische und anorganische Natur in ihrem Kern Wille.

2. Diese Lehre heißt Voluntarismus. Duns Scotus kann als ihr Vorläufer gelten. Der ganze Rationalismus und die ihm folgende Aufklärung war überwiegend intellektualistisch gesinnt, d. h. sie betonte das erkennende Prinzip im seelischen Leben. Nach Schopenhauer wird der Voluntarismus von Nietzsche, Wundt und Paulsen vertreten.

3. Der Wille ist irrational, daher blind und unvernünftig. Daraus folgt der Pessimismus. Die Welt ist die schlechteste aller möglichen. Im Gegensatz dazu vertreten Leibniz und Hegel eine optimistische Weltanschauung.

4. Der Urwille ist eine Einheit, da die Vielheit nur der Erscheinungswelt angehört. Raum und Zeit erst sind die »principia individuationis«, d. h. sie ermöglichen erst die Vielheit der erscheinenden Objekte.
5. Schopenhauer stimmt mit Fichte darin überein, daß auch er im Willen die treibende Weltkraft anerkennt. Der Unterschied liegt darin, daß Fichtes Wille der sittliche Vernunftwille ist (Ethizismus), während Schopenhauer vom biologischen Triebwillen ausgeht (Biologismus). Daraus folgt die große Verschiedenheit auf weltanschaulichem Gebiet.
6. Der Wille zum Leben äußert sich besonders im Selbsterhaltungs- und Fortpflanzungstrieb. (Schopenhauer kann als weltanschaulicher Vorläufer der Psychoanalyse angesehen werden. Sein Begriff des Lebenswillens nähert sich dem der Libido.) Der Darm ist der objektivierte Hunger, die Genitalien der objektivierte Geschlechtstrieb.
7. Die Wirkung der Schopenhauerschen Willenslehre war ungeheuer. Sie kam erst in den letzten Lebensjahren Schopenhauers zur Geltung. In Deutschland setzte eine Pessimismusbewegung ein, zu der auch der junge Nietzsche gehört. Eduard von Hartmann erstrebt in seiner »Philosophie des Unbewußten« eine Synthese des Schopenhauerschen Willens und des Hegelschen Vernunftbegriffes unter Beibehaltung des Pessimismus. Nach ihm ist die Welt zwar schlechter als das Nichtsein, aber noch die beste aller möglichen. Bahnsen und Mainländer steigerten den Pessimismus zum Miserabilismus. In der Gegenwartsphilosophie vertritt Bergson mit seinem »élan vital« (Lebensschwung) ein dem Schopenhauerschen Willen verwandtes Prinzip, das jedoch optimistisch gewendet ist.

III. Der Wille zum Leben objektiviert sich auf verschiedenen Stufen. Die unterste Stufe ist das Reich des Anorganischen. Es folgt die pflanzliche und tierische Stufe. Im Menschen erreicht der Wille seine höchste Ausbildung

1. Auf anorganischem Gebiet äußert sich der Wille in den physikalischen Kräften, z. B. Schwerkraft.

2. Auf der niedersten Stufe ist der Wille noch frei vom Intellekt. Erst auf der Stufe der Tierheit »zündet sich der Wille ein Licht an«, d. h. die Erkenntnis tritt zum Willen hinzu als Mittel zur Orientierung. So hat das Tier Verstand, d. h. die Fähigkeit, in Raum, Zeit und Kausalität zu erkennen.
3. Beim Menschen tritt zum Verstande die Fähigkeit der Abstraktion (Bildung abstrakter Begriffe), die Vernunft hinzu. Dadurch ist er befähigt, Vergangenheit und Zukunft in seine Erkenntnis einzubeziehen, wodurch erst ein planvolles Leben möglich wird. Das Tier lebt nur in der Gegenwart.
4. Im Durchschnittsmenschen, der »Fabrikware der Natur«, überwiegt der Wille den Intellekt so sehr, daß dieser ein bloßes Mittel des Willens ist. Nur im Genie macht sich der Intellekt von der Herrschaft des Willens frei.
5. Die Objektivationen des Willens machen sich gegenseitig die Materie streitig. (Kampf ums Dasein.) Auf menschlicher Stufe ist der Staat eine Organisation zur Ausschaltung der nachteiligen Folgen dieses Egoismus (vgl. Hobbes).
6. In der Willenslehre erscheint nach der Art der Romantik nicht nur die pflanzliche, sondern auch die anorganische Natur als beseelt. Die gleiche Grundkraft, die im Menschen wirkt, ist auch auf den niedersten Stufen tätig.
7. Der Begriff des Willens ist für Schopenhauer Symbol für ein Prinzip, das sich am mächtigsten beim Menschen zeigt.
8. Die Lehre von den verschiedenen Stufen zeigt Verwandtschaft mit Schellings Lehre von den Potenzen.

IV. Die Objektivationsstufen sind zugleich als (platonische) Ideen Gegenstände künstlerischer Betrachtung. So kommt es zu einem Stufenreich der Künste.

1. Schopenhauer ist wie Hegel im Gegensatz zu Kant Vertreter einer materialen Ästhetik.
2. Die ästhetische Befriedigung hat ihren Grund
a) in der Ausschaltung des Willens und seiner Qual,
b) in der interesselosen Betrachtung reiner Ideenobjekte frei

von der Gebundenheit an den Satz vom Grunde im Gegensatz zu empirischen Einzelobjekten, z. B. Idee des Menschen.

3. Durch die Kunst vermag sich der Mensch auf Augenblicke vom Willen und seiner Qual zu befreien. Die endgültige Erlösung wird durch die Abtötung des Willens zum Leben erreicht.
4. Entsprechend den Ideen gliedert Schopenhauer das Reich der Künste in

a) Architektur,
b) Plastik,
c) Malerei,
d) Poesie,
e) Musik.

Die Musik ist die höchste Kunst. In ihr ist der Weltwille selbst Objekt, nicht die Ideen, in denen er sich nur objektiviert.

V. Das Ziel der Ethik ist die Erlösung vom Lebenswillen (Askese)

1. Schopenhauer unterscheidet drei Triebfedern des menschlichen Handelns:

a) Mitleid,
b) Egoismus,
c) Bosheit.

Der Egoismus ist die häufigste Triebfeder. Dennoch bestreitet Schopenhauer nicht das Vorhandensein von echtem Mitleid. Bosheit ist die uneigennützige Freude an dem Schaden anderer.

2. Schopenhauers Begründung des Pessimismus ist eine dreifache:

a) metaphysisch: Aus der Blindheit und Unvernunft des Weltprinzips folgt die Sinnlosigkeit der Welt;
b) psychologisch: Der Wille setzt immer Unlust voraus. Jede Befriedigung des Willens ist negativ, indem sie nur die Unlust beseitigt und der Wille nach Erreichung seines Zieles ein neues anstrebt;
c) empirisch: Schopenhauer weist auf das unverhältnismäßige Überwiegen der Unlustgefühle über die Lustgefühle hin.

Das Leben pendelt zwischen Schmerz und Langeweile hin und her.

3. Schopenhauer unterscheidet verschiedene Stufen des ethischen Verhaltens.

a) Die niederste Stufe ist die Gerechtigkeit. Sie beschränkt sich darauf, nicht in den Willensbereich anderer Individuen einzugreifen. »Neminem laede« (Tue niemand Unrecht). Recht und Gerechtigkeit sind somit negative Begriffe, da sie nur das Unrecht aufheben.

b) Auf höherer Stufe steht das Mitleid, das die Kluft zwischen Mensch und Mitmensch überspringt. In diesem Zusammenhang zitiert Schopenhauer das indische Wort »Tat twam asi« (Das bist du).

Das Mitleid ist der praktische Ausdruck der metaphysischen Erkenntnis, daß der Weltwille einheitlich und die Vielheit der wollenden Individuen lediglich Schein ist, d. h. daß Übeltäter und Opfer identisch sind.

c) Die höchste Stufe ist die Abtötung des Willens zum Leben, da dieses nur Leiden bedeutet (Schopenhauers Ideal sind daher die Trappistenmönche). Mit der Askese wird die Stufe des Nirwana erreicht, indem der Wille sich selbst aufhebt.

7. Herbart

Leben: * 1776 in Oldenburg, studiert in Jena, 1805 Professor der Philosophie in Göttingen, 1809—33 in Königsberg, dann wieder in Göttingen. † 1841.

Werke: 1808 Hauptpunkte der Metaphysik. — 1824/25 Die Psychologie, gegründet auf Erfahrung, Metaphysik und Mathematik. — 1828/29 Allgemeine Metaphysik.

I. Das Absolute sind die letzten „Realen“, Substanzen, die jede nur eine Qualität aufweisen. (Qualitativer Atomismus)

1. Herbart ist damit Antipode der idealistischen Philosophie; seine Lehre gewinnt darum erst nach dem Zusammenbruch der idealistischen Systeme Boden.

2. Herbart sucht wie Schopenhauer im Anschluß an Kant zur Erkenntnis des Dinges an sich zu gelangen, das er in den »Realen« sieht.
3. In der Erscheinungswelt hat ein Gegenstand mehrere Qualitäten (z. B. ist ein Apfel hart, süß, rot usw.). Ferner weist sie Veränderungen auf. Diese logischen Widersprüche müssen behoben werden, wenn wir zum Ding an sich vordringen wollen.
4. Herbarts Bemühungen, die logischen Widersprüche zwischen der Einheit der Substanz und der Vielheit ihrer Qualitäten zu beseitigen, berühren sich mit Gedankengängen der Megariker.
5. Jede Erscheinung ist ein Hinweis auf ein dahinterstehendes Ding an sich. Soviel Schein, soviel Sein.
6. Die Realen verharren in absoluter Ruhe. Nur bei Gegenständen der Erscheinungswelt können wir von Bewegung sprechen. Das Weltgeschehen besteht in der Selbsterhaltung der einzelnen Realen gegeneinander.
7. Bereits die Eleaten vertreten eine ähnliche Anschauung, indem sie das Seiende aus logischen Gründen als unveränderlich bezeichnen.

II. Das Hauptverdienst Herbarts liegt auf dem Gebiete der Psychologie und Pädagogik

1. Psychologie.

a) Herbart ist auf psychologischem Gebiet Intellektualist. Er bekämpft die »Vermögenspsychologie«. Vorstellungen sind die wesentlichen Bestandteile des seelischen Lebens. Gefühle und Willensakte sind nur Modifikationen von Vorstellungen. Sein Ziel ist es, eine exakte Mechanik der Vorstellungen zu schaffen.

b) Die Enge des Bewußtseins erfordert Verdrängung von Vorstellungen ins Unbewußte. Mit dem »Unbewußten«, das bereits bei Leibniz auftritt, ist ein Begriff in die Psychologie eingeführt, der sich als außerordentlich fruchtbar erwiesen hat und zu einem Grundpfeiler der Psychologie geworden ist (Psychoanalyse).

c) Descartes, Spinoza und Leibniz sind ebenfalls Intellektualisten. Im Gegensatz dazu steht der Voluntarismus von Duns Scotus, Schopenhauer, Wundt und Paulsen, sowie der Emotionalismus, der daß Gefühl als Grundfunktion der Seele betrachtet.

d) Empfindung ist die Abwehr (Reaktion, Selbsterhaltung) des Seelenrealen gegen fiktive Störung durch andere Realen.

e) Der Wille ist die Tendenz von Vorstellungen, über die Schwelle des Bewußtseins zu gelangen.

2. Die zweite Hälfte des 19. Jahrhunderts steht ganz im Zeichen der Herbartschen Pädagogik.

a) Im Mittelpunkt steht die Lehre vom erziehenden Unterricht. Ein Ausdruck des Intellektualismus ist die Forderung, im Kinde Vorstellungsmassen anzuhäufen, die als bleibender Faktor das Kind in einer bestimmten Richtung beeinflussen sollen. Ziel ist die »gleichschwebende Vielseitigkeit des Interesses«.

b) Herbart ist Determinist. Bei Willensfreiheit des Kindes wäre die Einwirkung des Erziehers unberechenbar.

c) Die Ethik als Lehre vom sittlichen Geschmack stellt fünf »Ideen« auf: Idee der inneren Freiheit, der Vollkommenheit, des Wohlwollens, des Rechts und der Billigkeit. Menschliches Handeln wird nach diesen Ideen beurteilt.

Zweiter Abschnitt

Naturalismus

Nach Hegels Tod bricht der spekulative Idealismus zusammen. Er wird abgelöst vom radikalen Naturalismus. Im Naturalismus wird der Mensch (und seine Werte: Vernunft, Kultur, Religion usw.) nur als ein unwesentlicher Faktor im Gesamtbereich der Natur angesehen. Der Naturablauf ist streng mechanisch kausal.

I. Die Spaltung der Hegelschen Schule bedeutet einen Wendepunkt in der neueren Philosophie

1. Im Begriff des Hegelschen Pantheismus und der Idee des Christentums liegt ein Gegensatz, den Hegel zu

verschleiern suchte. Bei seinen Schülern führt der Gegensatz zu einem offenen Bruch.

2. David Friedrich Strauß enthüllt in seinem »Leben Jesu« (1835) den pantheistischen Charakter der Hegelschen Philosophie. Religiöse Vorstellungen haben für ihn nur den Wert von Symbolen. Die Erlösung besteht in der Erhebung zur Idee.
3. Das Hervortreten von Strauß bedeutet die Spaltung der Hegelschen Schule in einen rechten konservativen und einen linken radikalen Flügel (im politischen und religiösen Sinne).
4. Ludwig Feuerbach (1804—72) (Wesen des Christentums 1841) führt die Theologie auf Anthropologie zurück (der sinnliche Mensch ist der vollkommene Mensch). Gott ist Projektion menschlicher Wunschträume. Erkenntnistheoretisch ist Feuerbach Sensualist. Später geht er zum Materialismus über.
5. Stirner verkündet in seinem Werk »Der Einzige und sein Eigentum« (1845) einen radikalen anarchistischen Egoismus. Aus der Hegelschen Vernunft ist bei ihm die subjektive Laune des »Einzigen« (subjektives Individuum) geworden. Er verspottet auch den Feuerbachschen »allgemeinen Menschen« als noch zu religiös. Auch der Kommunismus gilt ihm als reaktionär.

II. Marx (1818—1883) wendet die Hegelsche Dialektik auf das wirtschaftliche Gebiet an (»Kommunistisches Manifest« 1848, Kritik der politischen Ökonomie 1859)

1. Der Gegenstand der dialektischen Bewegung sind nicht mehr die Ideen, sondern wirtschaftlich-technische Produktionsverhältnisse. Es folgen z. B. aufeinander Sklaverei — Feudalismus — Kapitalismus — Sozialismus. Jede Phase geht dialektisch, d. h. notwendig aus der früheren hervor (materialistische oder ökonomische Geschichtsauffassung).
2. Die wirtschaftlichen Verhältnisse bilden den realen Untergrund für Recht, Sitte, Staat, Religion, Philosophie. Diese sind lediglich als »ideologischer Überbau«

zu bewerten. Damit ist eine Umstülpung des Hegelschen Idealismus in einen ökonomischen Materialismus vollzogen.

3. Geraten ideologischer Überbau und reale Produktionsverhältnisse in Widerspruch, so entstehen Revolutionen, die den dialektischen Übergang zu einer neuen Gesellschaftsordnung bilden (Beispiel: Widerspruch zwischen kapitalistischer Gesellschaftsordnung und kollektivistischer Produktionsweise).
4. Der Begriff der Dialektik findet sich sachlich zuerst bei Heraklit. Plato versteht unter Dialektik die Lehre von den Ideen. Bei Kant bildet die Dialektik die Kritik der Widersprüche, in die sich die Vernunft verwickelt, indem sie das Unbedingte zu denken versucht. Hegels Dialektik ist im Gegensatz zur Kantischen Realdialektik.

III. Der Entwicklungsgedanke erklärt das Entstehen höherer Formen aus niederen. Dieser ursprünglich biologisch-naturwissenschaftliche Entwicklungsgedanke wird später auf alle Gebiete angewendet

1. Lamarck bestreitet die Beständigkeit der Arten im Gegensatz zur bis dahin geltenden Lehre von der Konstanz (Philosophie zoologique, 1809).
2. Darwin, der bedeutendste Vertreter der Entwicklungstheorie, sucht die Entstehung der Arten durch das Selektionsprinzip zu erklären. Im Kampf ums Dasein unterliegen die Schwächeren. Die Stärkeren pflanzen sich fort (Entstehung der Arten 1859).
3. Spencer stellt unabhängig vom Darwinismus eine Entwicklungslehre auf, die er auf alle Natur- und Geisteswissenschaften anwendet.
4. Haeckel (1834—1919) kann als wirksamer Popularisator der Darwinschen Entwicklungstheorie angesehen werden (»Natürliche Schöpfungsgeschichte«, »Welträtsel«, »Lebenswunder«).
5. Bereits im Altertum findet sich bei Empedokles eine Erklärung der zufälligen Entstehung des Zweckmäßigen aus mechanischen Ursachen.

6. Schelling und Hegel vertreten einen rein-logischen Entwicklungsgedanken, während der Entwicklungsbegriff in der darwinistischen Schule zeitlich gemeint ist.

IV. In den 50er Jahren des 19. Jahrhunderts gelangt der Materialismus zu neuer Geltung

1. Vertreter sind Vogt (Köhlerglaube und Wissenschaft), Büchner (Kraft und Stoff) und Moleschott (Kreislauf des Lebens).
2. Seelische Prozesse werden auf materielle zurückgeführt. Das Seelische wird aufgefaßt entweder
   a) als Produkt des Physischen (das Verhältnis entspricht dem zwischen Galle und Leber) oder
   b) als Funktion der materiellen Substanz oder
   c) als unwesentliche Begleiterscheinung der materiellen (Gehirn-)Prozesse.
3. Du Bois-Reymond hält die Erklärung von Bewußtsein aus materiellen Prozessen für unmöglich. In diesem Sinne sind seine Worte »Ignoramus-ignorabimus« zu verstehen (»Über die Grenzen des Naturerkennens«).
4. Im Altertum ist Demokrit mit seiner Atomistik Vertreter eines Materialismus, der allerdings zwischen grober und feiner (geistiger) Materie unterscheidet. Ihm folgen Epikur und Lukrez. In der sokratischen Gemeinde vertritt Antisthenes im Gegensatz zur platonischen Ideenlehre einen ausgesprochenen Materialismus. In der neueren Philosophie ist Hobbes radikaler Materialist. In Frankreich gelangt im 18. Jahrhundert der Materialismus durch Lamettrie und durch das »Systéme de la nature«, z. T. auch durch die »Enzyklopädie« weiteste Verbreitung. In allerneuester Zeit wird in Rußland der Materialismus zum Staatsdogma erhoben (Lenin, Bucharin).

V. Lotze und Fechner versuchen Naturwissenschaft und idealistische Weltanschauung zu versöhnen. Damit stehen sie im Gegensatz zu der Philosophie ihrer Zeit

1. Fechner (1801—87) betont den durchgängigen Parallelismus von körperlichen und geistigen Erscheinungen. Er bezeichnet

diese Ansicht als »Tagesansicht« gegenüber der »Nachtansicht«, nach der die Materie tot und ungeistig ist. Die geistige Reihe hat die eigentliche Realität.

2. Auf psychologischem Gebiet ist Fechner durch das Weber-Fechnersche Gesetz bekannt. Danach entsprechen gleichen Reizunterschieden gleiche Empfindungsunterschiede. Während die Reize in geometrischer Progression zunehmen, wachsen die Empfindungsintensitäten nur in arithmetischer Progression.

Dritter Abschnitt

Positivismus und Neukantianismus

A. Positivismus

Der Positivismus verzichtet auf Metaphysik und beschränkt sich auf die Ergebnisse der positiven Wissenschaften. Ausgangspunkt ist das »Gegebene«.

I. Comte (1797—1858) stellt das Dreistadiengesetz auf. Die Menschheitsentwicklung beginnt mit der religiösen Phase, geht zur metaphysischen über und endigt bei der positiven. („Cours de la philosophie positive") 1830—1842

1. In der religiösen Phase erklärt man das Weltgeschehen durch Einwirken göttlicher oder dämonischer Wesen.
2. In der metaphysischen Phase dienen abstrakte Kräfte wie Vernunft, Wille, Stoff, Einheit zur Welterklärung.
3. In der dritten Phase beschränkt man sich auf die Ergebnisse der positiven Wissenschaften. Philosophie ist die Summe der durch die positiven Wissenschaften erarbeiteten Resultate.
4. Zentralwissenschaft ist die Soziologie. Die Hierarchie der Wissenschaften ist folgendermaßen aufgebaut:

a) Mathematik,
b) Astronomie,
c) Physik,

d) Chemie,
e) Biologie,
f) Soziologie.

Die jeweils später genannte Wissenschaft setzt die vorhergehenden voraus.

5. Diese geschichtsphilosophische Konstruktion Comtes erinnert an die Hegelsche Lehre vom absoluten Geiste.

II. Spencer (1820—1903) begründet unabhängig von Darwin eine Entwicklungsphilosophie

1. Als Positivist lehnt er eine Metaphysik des Absoluten ab, hält jedoch eine relative Metaphysik der Erscheinungswelt für möglich (Agnostizismus).
2. Entwicklung nennt er die Zerstreuung (Differenzierung) von Bewegung und Zusammenziehung (Integration) von Stoff, Auflösung die Aufnahme von Bewegung und Lockerung (Desintegration) von Stoff.
3. Spencer sucht dieses Schema auf alle Natur- und Geisteswissenschaften anzuwenden. (»System der synthetischen Philosophie«, 1862—96).

III. John Stuart Mill (1806—1873), auch als Nationalökonom bekannt, führt den Positivismus in radikalem Sinne durch. Er ist Schöpfer einer induktiven Logik

1. Die Philosophie arbeitet nur mit dem Gegebenen, d. h. mit den Empfindungsinhalten. Kategorien (z. B. Kausalität) sind als subjektive Zutaten auszuschalten.
2. Die Wirklichkeit wird reduziert auf konstante Wahrnehmungsmöglichkeiten (z. B. besteht das Sein eines Hauses nur in der Möglichkeit, es beständig wieder wahrzunehmen).
3. Das Kausalprinzip wird auf das Gesetz der Gleichförmigkeit des Naturlaufs zurückgeführt, das selbst nur induktiv gewonnen ist.
4. Die Deduktion (die Ableitung besonderer Sätze aus allgemeinen) ist als wertlose formale Operation zu betrachten, da die Prämissen bereits den Schlußsatz enthalten (z. B.

sagt in dem Schluß: Alle Menschen sind sterblich, Caius ist ein Mensch, Caius ist sterblich, der Schlußsatz nichts Neues aus, da bereits im Obersatz »alle Menschen sind sterblich« die Sterblichkeit des Caius mit enthalten ist.

5. Als Vorgänger des Millschen Positivismus sind Locke und Hume zu betrachten. Nach Mill vertreten die sogenannten Empiriokritizisten Mach (1838—1916) und Avenarius (1843—1896) sowie Laas (1837—1885) einen radikalen Positivismus.
6. Im Gegensatz zu Hume sieht Mill auch die mathematischen Wahrheiten als Ergebnisse empirischer Erkenntnisse an.

   So ist z. B. auch der Satz $2 + 2 = 4$ nichts weiter als das Ergebnis jahrtausendlanger Gattungserfahrung. Damit verliert die Mathematik ihre Sonderstellung, die ihr die Rationalisten und sogar noch die Empiristen Locke und Hume zugestanden hatten.

IV. Bentham (1748—1832) erklärt als ethisches Prinzip das größtmögliche Glück der größtmöglichen Zahl (Utilitarismus)

1. Der wohlverstandene Egoismus erfordert die Rücksicht auf die Gesamtheit.
2. Die Benthamsche Ethik, verwandt mit der von Hobbes und der englischen Aufklärung, steht im Gegensatz zur Kantischen Ethik.

B. Neukantianismus

Der Neukantianismus bedeutet nach den idealistischen und materialistischen Spekulationen eine Wiederbesinnung auf die Kritik des menschlichen Erkenntnisvermögens.

I. Friedrich Albert Lange weist die Schwächen des Materialismus nach. Er zeigt, daß der Materialismus unkritisch in der Materie ein Ding an sich sieht

(Friedrich Albert Lange, geb. 1828, Professor der Philosophie in Zürich und Marburg, † 1875.)

Werk: Geschichte des Materialismus.

1. Friedrich Albert Lange beschränkt die Geltung des Materialismus auf das Gebiet der Naturwissenschaft. Für ihn ist Materie nur Kategorie des menschlichen Erkennens, nicht ein vorgefundenes Ding an sich.
2. Die Metaphysik wird von Lange als Begriffsdichtung bezeichnet. Diesen Standpunkt nennt man auch Agnostizismus (ἀ-γιγνώσκειν = nicht erkennen).
3. Von den Widerlegungen des Materialismus, die in der zweiten Hälfte des 19. Jahrhunderts unternommen wurden, ist die erkenntnistheoretische (wie sie Friedrich Albert Lange führt) die wirksamste gewesen. Indem sie den Ausgangspunkt des Materialismus als naiven und unkritischen Realismus nachweist, entzieht sie ihm die Grundlage seiner Philosophie.
4. Vaihinger (* 1852) geht über Lange hinaus, indem er auch die Kategorien der Naturwissenschaft, nicht bloß die der Metaphysik, als bloße Fiktionen bezeichnet. Er nähert sich damit dem Positivismus.

II. Ding an sich und Subjektsbegriff stehen im Mittelpunkt des Neukantianismus. Die systematische Diskussion nimmt ihren Ausgang von der Kantinterpretation. Es wird gefragt,

1. a) ob das Ding an sich ein Reales (zweite Wirklichkeit) oder
   b) ob es bloßer Grenzbegriff sei;
2. ob der Subjektsbegriff
   a) psychologisch oder
   b) transzendentallogisch zu verstehen sei.

1. Gegensatz von Realismus und Idealismus.

a) Der Realismus nimmt an, daß dem Erkenntnisobjekt der gegebenen Wirklichkeit ein Ding an sich zugrunde liegt. Man spricht von transzendentalem bzw. kritischem Realismus, je nachdem die Erkenntnis des Dinges an sich für möglich oder unmöglich gehalten wird.

Vertreter des kritischen Realismus: Riehl (1844—1924).

Vertreter des transzendentalen Realismus: Volkelt (* 1848).

b) Der Idealismus hält den Begriff eines Dinges an sich, d. h. eines Objektes, das unabhängig von unserer Erkenntnis existieren und diese beeinflussen soll, für unmöglich. Die Welt ist dem Bewußtsein immanent.

Vertreter: Cohen, Natorp, Windelband.

2. Kant gebraucht den Begriff der Grenze als regulatives Prinzip zur Einschränkung unserer Erkenntnis auf das Gebiet der Erfahrung.

3. Die sachlichen systematischen Erwägungen zum Problem des Dinges an sich und des Subjektes hängen mit historischen und philologischen Untersuchungen zusammen und haben hier vielfach ihren Ursprung. Die Stellung Kants zum Problem des erkenntnistheoretischen Realismus und Idealismus ist stark umstritten. Riehl ist der Führer der realistischen, Cohen der der idealistischen Kant-Interpretation.

4. Der Subjektbegriff wird verschieden, teils psychologisch, teils logisch interpretiert.

a) Die psychologische Auffassung sieht in dem psychischen Ich den Träger der Erkenntnis. Damit würde die Psychologie zur philosophischen Grundwissenschaft werden.

b) Die transzendentallogische Auffassung versteht unter Subjekt nicht das psychologische Subjekt, sondern das Subjekt überhaupt, d. h. ein gedachtes begrifflich allgemeines, rein logisches Subjekt, das sich in seiner reinen Funktion erschöpft. Der psychologische Subjektbegriff ist nur möglich unter der Voraussetzung dieses transzendentallogischen Subjektes überhaupt. Die Psychologie ist eine Einzelwissenschaft wie jede andere und daher nicht als philosophische Grundwissenschaft geeignet.

5. Der Unterschied von Neukantianismus und Positivismus beruht darin, daß der Neukantianismus an den Aprioritäten (Kategorien) festhält, die der Positivismus bestreitet. Einig sind beide in der Ablehnung der Metaphysik. Hauptaufgabe der Philosophie ist für sie Erkenntnistheorie.

III. Die ursprünglich negativ-kritischen und interpretatorischen Tendenzen des Neukantianismus werden später von Cohen und seinen Schülern (Marburger Schule) und Windelband (Südwestdeutsche Schule) zu großen Systemen ausgebaut

Hermann Cohen, * 1842, Professor in Marburg, † 1918. Werke: Logik der reinen Erkenntnis, Ethik des reinen Willens, Ästhetik des reinen Gefühls.

Paul Natorp, * 1854, † 1923, »Die logischen Grundlagen der exakten Wissenschaften.

Wilhelm Windelband, * 1848, † 1915, Professor in Straßburg.

Heinrich Rickert, * 1863, Professor in Heidelberg.

IV. Cohen betont das Logische am Subjektbegriff und leugnet die Realität des Dinges an sich und der sinnlichen Elemente. Das Sein ist Produkt des Denkens. „Logik der reinen Erkenntnis", „Ethik des reinen Willens" (Marburger Idealismus)

1. Dieser Standpunkt heißt logischer Idealismus. Vom metaphysischen Idealismus z. B. Hegels unterscheidet er sich dadurch, daß er im Denken keine Realität, sondern eine rein logische Funktion sieht.
2. Das Ding an sich ist bloßer Grenzbegriff. Er bezeichnet den Punkt, bis zu dem unsere Erkenntnis gelangt ist.
3. Erst in der Funktion der Erkenntnis werden die Objekte der Erkenntnis erzeugt. Es gibt kein Sein, das vor und unabhängig von der Erkenntnis bestünde. Der Träger der Erkenntnis ist der Logos, der sich in der Funktion der Konstituierung seiner Objekte erschöpft. (»Die Sterne sind nicht am Himmel, sondern in der Wissenschaft der Astronomie.«)
4. Cohen geht vom Denken aus und versucht, die Empfindung zu eliminieren. Die Empfindung ist nichts weiter als ein »kritisches Fragezeichen«, d. h. der Anstoß, der das Denken in Bewegung setzt. Auch die Empfindung ist ein Produkt des Denkens, das sich damit selbst eine Aufgabe stellt. Kants transzendentale Ästhetik ist abzulehnen.

5. Der Gegenstand der Erkenntnis ist nicht das Gegebene, sondern das Aufgegebene.
6. Auch auf ethischem Gebiet führt Cohen den logischen Idealismus durch. Der Logos, der auf theoretischem Gebiet die Gesetze des Erkennens und damit des Seins erzeugt, schafft auf ethischem Gebiet die Gesetze des sittlichen Handelns.
7. Im Anschluß an Cohen haben Natorp (für das Gebiet Naturwissenschaften), Stammler (für die Rechtsphilosophie), weiter Cassirer, Görland, Liebert, Buchenau, Vorländer, Stadtler, Staudinger den Neukantianismus vertreten.
8. Der Neukantianismus betrachtet die Geschichte der Philosophie ganz unter dem Gesichtspunkt der transzendentalen Methode. Er konstruiert eine Linie, die von Parmenides über Plato-Descartes-Leibniz bis zu Kant führt, der die transzendentale Methode am konsequentesten durchgeführt hat.

V. Windelband begründet eine Wertphilosophie. Er knüpft an Kants Begriff der praktischen Vernunft und Fichtes Sollensphilosophie an

1. Windelband unterscheidet bei der Einteilung der Wissenschaften idiographische (individuell-beschreibende) und nomothetische (Gesetzes-)Wissenschaften. Während die Naturwissenschaften begrifflich allgemeine Sätze aufstellen, hat die Geschichte die Aufgabe, Individualobjekte zu beschreiben (z. B. Cäsar, Napoleon). Windelband sucht damit das Eigenrecht der Geschichte methodologisch sicherzustellen, das bis dahin durch einseitige Betonung der Naturwissenschaften und ihrer Methode vernachlässigt worden war.
2. Zur Kritik dieser Einteilung ist zu sagen, daß sie nicht allen Wissenschaften gerecht wird. Botanik, Zoologie sind z. B. keine Gesetzes-, dennoch Begriffswissenschaften. Geographie ist zwar Individual-, aber nicht Geisteswissenschaft.
3. Oberste Prinzipien der Philosophie sind die Werte (logische, ethische, ästhetische Werte).
4. Den Werten kommt kein Sein, sondern ein Gelten, ein wirklichkeitsfreies Bestehen zu, das unabhängig vom

Wertungsakt des erlebenden Subjektes und auch vom Sein des Wertobjektes (Gutes) ist.

5. Der Wert ist in der Erkenntnis nach Rickert das »Transzendente«. In der Erkenntnis ergreift das Subjekt einen geltenden Wert.
6. So ist für Rickert die Geschichte eine Wissenschaft von wertbezogenen Individualitäten (z. B. Luther, Napoleon), während er die Psychologie zu den naturwissenschaftlichen Gesetzeswissenschaften rechnet.
7. Im Gegensatz zu dieser Einteilung bedeutet für Aristoteles Wissenschaft Wissenschaft vom Allgemeinen. Im 19. Jahrhundert vertritt der Historiker Lamprecht einen ähnlichen Standpunkt. Für ihn ist Geschichte gleichbedeutend mit Kulturpsychologie. Die historischen Individualitäten haben nur den Wert von Beispielen.

Vierter Abschnitt

Philosophie der Gegenwart

In der Fülle der philosophischen Produktion der Gegenwart ist es schwierig, eine Ordnung zu erkennen. Zwei Hauptrichtungen lassen sich unterscheiden a) idealistisch-rationale Vernunftphilosophie (rationalistische Tendenzen, Begründung durch die Vernunft) im Anschluß an Kant und Hegel, b) realistisch-irrationalistische Lebensphilosophie im Anschluß an Schopenhauer und Nietzsche.

Auf erkenntnistheoretischem Gebiet steht der Absolutismus dem aus dem Positivismus hervorgegangenen Subjektivismus (Pragmatismus, Fiktionalismus) gegenüber.

I. Dilthey (1833—1911) stellt drei Typen der Weltanschauung auf: Idealismus der Freiheit, objektiver Idealismus, Naturalismus. Eine allgemeingültige Entscheidung zwischen ihnen ist nicht möglich

Werke: Einleitung in die Geisteswissenschaften. Die Typen der Weltanschauung.

1. Beispiele für objektiven Idealismus sind Leibniz-Hegel. Für Idealismus der Freiheit Kant—Fichte. Für Naturalismus Demokrit, Hobbes, Mill. Mit Diltheys Typologie ist ein gewisser Relativismus sowie eine Ablehnung metaphysischer Versuche gegeben.
2. Wesentlich sind die Arbeiten Diltheys an der Logik der Geisteswissenschaften.
3. Schüler Diltheys ist Spranger, der hervorragende Verdienste um die geisteswissenschaftliche Philosophie hat. In seinen »Lebensformen« stellt er sechs Typen geistigen Verhaltens auf (Beziehung zu einer bestimmten Sinnschicht): sozialer Typ, ästhetischer, religiöser, theoretischer, politischer, ökonomischer Typ (Idealtyp).

   Ferner: Litt, Misch, Nohl, Rothacker, Frischeisen-Köhler, Liebert, Groethuysen.

II. Wundt führt durch sein Apperzeptionsprinzip den Begriff der schöpferischen Synthese in die Psychologie ein

Werke: Grundzüge der physiologischen Psychologie 1873, Logik 1880, System der Philosophie 1889, Völkerpsychologie.

1. Er bezeichnet das Willensmoment als Grundkraft der Seele (vgl. Schopenhauer).
2. Die Seele ist keine Substanz, sondern die Summe ihrer Prozesse. Diese Auffassung heißt Aktualitätstheorie der Seele (im Gegensatz zur Substantialitätstheorie); vgl. Hume.
3. Philosophie ist die umfassende Verarbeitung einzelwissenschaftlicher Ergebnisse zu einem widerspruchslosen Weltbild.
4. Auf metaphysischem Gebiet vertritt Wundt einen idealistischen Parallelismus.
5. Wundt ist neben Fechner Begründer der Experimentalpsychologie.

III. Nietzsche steigert den Schopenhauerschen Begriff des Willens zum Leben zum Willen zur Macht. Er wendet den Pessimismus zum heroischen Optimismus

(* 1844 in Röcken bei Lützen, 1869 Professor der klassischen Philosophie in Basel, † 1900 in Weimar.)

1. Man unterscheidet in Nietzsches Entwicklung drei Phasen:
a) Die pessimistisch-romantische Phase (Schopenhauer-Wagner) »Geburt der Tragödie aus dem Geiste der Musik« 1872, »Unzeitgemäße Betrachtungen«.
b) Die intellektualistisch-positivistische Phase: »Morgenröte«.
c) Die des Übermenschen (Umwertung aller Werte).
»Also sprach Zaratustra« 1883—84.
»Jenseits von Gut und Böse« 1887.
»Genealogie der Moral« 1889.
»Wille zur Macht.«
2. Obwohl Nietzsche sich selbst als Antimetaphysiker bezeichnet, lassen sich seine Begriffe nur als metaphysisch verstehen.
3. Der Wille zur Macht ist das Grundprinzip. Ob Nietzsche unter Macht die leere Gewalt oder die kulturell-wertvolle Macht versteht, ist umstritten. Er lehrt die ewige Wiederkehr aller Dinge. Dieser metaphysische Satz soll gleichzeitig als ethische Maxime dienen. Die Schaffung des Übermenschen ist das höchste ethische Ziel (aristokratischer Individualismus).
4. Die herrschende christliche und soziale Moral erklärt Nietzsche als Produkt eines »Sklavenaufstandes«. Er knüpft hier an die Machtmoral gewisser Sophisten an.
5. Auf erkenntnistheoretischem Gebiet vertritt Nietzsche einen dem Fiktionalismus Vaihingers und dem Pragmatismus verwandten »Perspektivismus«. Die Erkenntnis ist lediglich biologisches Mittel im Kampf ums Dasein.

IV. Bergson (*1859) sieht in der Intuition die metaphysische Erkenntnisquelle, durch die wir das Grundwesen der Welt, den „élan vital" (Lebensschwung) erfassen

Werke: Essai sur les données immédiates de la conscience 1889. L'évolution créatrice 1907.

1. Das begriffliche Denken kann die Wirklichkeit in ihrer reichen Individualität nicht erfassen. Diese ist Leben, Bewegung, schöpferische Entwicklung. Begriffe sind dagegen nur starre Fixierungen.

2. Zu unterscheiden ist die Zeit als bloßer Ablauf (physikalische Zeit) und die Zeit als seelisches Erfülltsein (durée créatrice).
3. Das Weltbild Bergson ist der Schopenhauerschen Willenslehre nachgebildet. Es ist der Typus der weitverzweigten »Lebensphilosophie«, die vom irrationalen Leben selbst statt von der Wissenschaft ausgehen will. Vertreter: Simmel, Troeltsch, Klages.

V. Der Pragmatismus bestreitet den Begriff einer objektiven Wahrheit. Wahrheit ist lediglich Nützlichkeit der Vorstellungen; wahr ist, was sich praktisch bewährt

1. Vertreter dieser Theorie sind: William James (1842—1910, Professor der Harvard-Universität); F. C. S. Schiller (* 1864, Professor in Oxford); Dewey (New York).
2. Der Pragmatismus ist eine Reaktion gegen den überspannten Absolutismus auf logischem Gebiet (der das An-sich-Bestehen von Wahrheiten unabhängig von der Wirklichkeit der Urteilsobjekte sowie von Erkenntnisakten urteilender Individuen annimmt). Allerdings verwechselt er Wahrheitsbegriff und Wahrheitskriterium.
3. Protagoras wird von den Pragmatisten als Vorläufer bezeichnet (Homo-mensura-Satz). Historisch geht der Pragmatismus aus dem Positivismus hervor. Er subjektiviert nicht nur wie dieser die Kategorien, sondern auch die Wahrheit. Verwandt ist Vaihingers Philosophie des »Als Ob« und Nietzsches »Perspektivismus«.

VI. Anknüpfend an Brentano bekämpft Edmund Husserl (* 1859, Prof. in Freiburg) den Psychologismus in der Logik

Werke: Logische Untersuchungen, 1900. Ideen zu einer Phänomenologie und phänomenologischen Forschung, 1913.

1. Der Psychologismus sucht logische Prozesse und Gesetze aus dem psychologischen Ablauf der Vorstellungen zu erklären. Er gelangt dadurch zu einer Relativierung und Subjektivierung der Erkenntnis und der Wahrheit.
2. Husserl hält in den »Logischen Untersuchungen« eine psychologische Begründung der Logik für unmöglich. Die

Logik muß a priori, d. h. unabhängig von jeder Erfahrung sein.

VII. Husserl fordert von der Philosophie (wie von der Logik) feststehende Ergebnisse. Er sucht apriorische „Wesensschau“ unabhängig von der Erfahrung. Im Gegensatz zu Kants formalem Apriori fordert er damit ein materiales Apriori, das über das rein Formale hinausgeht

1. Formales Apriori ergibt nur Aussagen über die allgemeinsten Strukturen von Sachverhalten, z. B. Kausalität in der Natur, formales Sittengesetz in der Ethik. Das materiale Apriori sucht darüber hinaus Aussagen über wirkliche Sachverhalte zu machen. So läßt sich z. B. das Wesen des Tones unabhängig von einer empirischen Tonempfindung bestimmen. Gegenstand der Phänomenologie sind alle Untersuchungen, die das Wesen der Erfahrung konstituieren sollen.
2. Die Objekte der Wesensschau werden objektiviert.
3. Von Brentano übernimmt Husserl den Begriff der »intentionalen Gerichtetheit« seelischer Prozesse. In jedem seelischen Akt wird ein Gegenstand »gemeint«, während Physisches sich im Sein erschöpft.
4. Scheler sucht auf ethischem Gebiet materiale Aprioritäten aufzustellen. Er bekämpft die »formalistische« Ethik Kants und stellt eine Rangordnung der Werte auf. Auf der niedersten Stufe steht der Wert des Angenehmen und Nützlichen (Lebenskünstler), darüber der des Vitalen (Held), des Geistigen (Genius), des Religiösen (Heiliger).

VIII. Alexius Meinong (1853—1920) begründet die Gegenstandstheorie

Werk: »Untersuchungen zur Gegenstandstheorie und Psychologie.«

1. Unter Gegenstand ist jeder Denkinhalt zu verstehen (oder alles, was »gemeint« oder beurteilt werden kann). Es gibt auch unmögliche Gegenstände, z. B. rundes Viereck. Die Gegenstandstheorie untersucht das »So-sein« der Gegen-

stände (das a priori erkannt wird) unabhängig von ihrem Dasein, d. h. ihre sinnvollen Gesetzlichkeiten.

2. Meinong unterscheidet vier Gegenstandsklassen: a) Objekte (Vorstellen), b) Objektive (Urteilen), c) Desiderative (Fühlen), d) Dignitative (Wollen).
3. Meinong ist Vertreter einer Geltungstheorie des Urteils. Das Wesen des Urteils liegt nicht in seinen Vorstellungen und deren Verknüpfung (Verknüpfungstheorie), sondern in der Anerkennung oder Verwerfung von Sachverhalten.

IX. Driesch (* 1867, Prof. in Leipzig) ist Vertreter des Neovitalismus, indem er im Gegensatz zur Maschinentheorie des Lebens final wirkende Vitalagentien (Psychoide, Entelechien) in den Organismen annimmt

Werke: »Philosophie des Organischen« (1909), »Ordnungslehre« (1912).

1. Er erneuert damit die alte aristotelisch-teleologische Naturauffassung, die auch Leibniz vertritt.
2. An der Zoologie orientiert ist Driesch auf Grund zahlreicher Beobachtungen zu dem Begriff einer Entelechie gelangt, die »raumlos in den Raum hineinwirkt«.
3. Bei der Teilung von Seeigeleiern stellte sich das Ergebnis heraus, daß aus einem viertel, einem achtel und einem sechzehntel Ei normale Larven hervorgingen. Driesch führt dieses Experiment als Beweis für die Unzulänglichkeit mechanischer Erklärungsversuche an.

X. Heinrich Maier (* 1867, Prof. in Berlin) unterscheidet emotionales und kognitives Denken

Werke: Sokrates. — Syllogistik des Aristoteles. — Psychologie des emotionalen Denkens. — Wahrheit und Wirklichkeit.

1. Während das kognitive (erkennende) Denken sich mit Objekten beschäftigt, die auf Wirklichkeit Anspruch haben, ist emotionales Denken auf Objekte gerichtet, die entweder ästhetisch oder religiös vorgestellt oder als Zielobjekte des Handelns gewollt sind. Ästhetische und religiöse Vorstellungen werden auf affektiv-emotionales Denken

zurückgeführt, Zielobjekte des Handelns entspringen aus volitiv-emotionalem Denken.

2. Das kognitive Denken erhebt Anspruch auf Wahrheit, das emotionale Denken auf Geltung. Die Logik hat die Aufgabe, alle Denkfunktionen zu normieren.
3. Das Urteil, die Grundform des kognitiven Denkens, ist formende Angleichung eines bewußtseinstranszendent Gegebenen an einen Urteilsgegenstand.

Damit überwindet Maier die Geltungs- und Verknüpfungstheorie des Urteils. Das eingliedrige Urteil ist die Grundform des Erkennens (z. B. »die Sonne«, »es leuchtet«).

XI. Ausgehend vom Neukantianismus und von Diltheys historischer Betrachtungsweise begründet Arthur Liebert (* 1878) eine Philosophie der Dialektik, die Kants Idealismus der Freiheit und den objektiven Idealismus Hegels im Sinne eines universalistischen Platonismus verknüpft

Werke: Problem der Geltung. — Wie ist kritische Philosophie überhaupt möglich? — Geist und Welt der Dialektik, 1928. — Mythus und Kultur. — Erkenntnistheorie.

1. Der Begriff der Geltung ist Fundamentalbegriff. Durch ihn wird die Metaphysik als eine eigene autonome Betrachtungsweise konstituiert im Unterschied zu den konkreten Wissenschaften: diese Fragen nach den Erscheinungen und ihren Gesetzen, die Metaphysik hingegen nach der »Geltung«, nach dem »Wert« der Erscheinungen (Axiologie).
2. Dialektische Metaphysik.

a) Dialektik ist die notwendige Geisteshaltung und Methode der Philosophie. Ihr Begründer ist Plato. Fortsetzer sind Kant und Hegel.
b) Vier Motive zur Metaphysik sind zu unterscheiden: das intellektuelle (Welterklärung), moralische (Weltbewertung), ästhetische (Weltdeutung) und das religiöse (Welterlösung). Daraus ergibt sich die eigenartige Komplikation (Dialektik) im Wesen der Metaphysik.

3. In Plato wird sowohl die rationalistische als auch die außerrationalistische Komponente betont. Alle wahre Philosophie ist Platonismus. Kant wird durchaus als Dialektiker gewürdigt, in seiner theoretischen Philosophie (Kritik der reinen Vernunft) wie in seiner Ethik (Kritik der praktischen Vernunft), da er sowohl formal als auch inhaltlich immer dialektisch vorgeht.
4. Durch die Beziehung zu Dilthey wird eine Mitheranziehung der geschichtlichen Betrachtungsweise und eine Verbindung der formalen philosophischen Systematik mit der Fülle der geschichtlich gegebenen Wirklichkeit möglich.

XII. Nicolai Hartmann (* 1882) hat die Schelersche materiale Ethik in viel breiter differenzierten Formen durchgeführt und das Problem der Rangordnung der Werte subtiler behandelt. Er tendiert neuerdings stark zum Realismus (kritische Ontologie)

Werke: Grundzüge einer Metaphysik der Erkenntnis, 1921. — Das Problem des geistigen Seins, 1932.

1. Hartmanns frühestes Werk »Platos Logik des Seins« hält sich noch im Rahmen des Marburger Neukantianismus.
2. In den »Grundzügen der Metaphysik des Erkennens« 1921 schafft er im Gegensatz zum Marburger Idealismus eine realistische Ontologie, die prinzipiell die Bezüge des Erkennens zum transzendenten Gegenstand erörtert, aber im Gegensatz zu älterem Realismus als kritische Ontologie bezeichnet wird, da durch sie das Ding an sich keineswegs adäquat erkenntnismäßig gefaßt werden kann.
3. In der Abhandlung »Zum Problem der Realitätsgegebenheit« (1931) spricht er den emotional transzendenten Akten die zentrale konstituierende Bedeutung der Gegebenheit des Realen zu.
4. In der »Ethik« (1926) setzt er eine größere Zahl materialer apriorischer Werte als Scheler an (Werte der Fülle, der Reinheit, des Edlen, der Tapferkeit, der Gerechtigkeit usw.). Die Rangordnung unter den Werten ist nicht in so absolutem Sinne wie bei Scheler vollzogen.

XIII. Die von Kierkegaard inaugurierte Existenzphilosophie wird in der Gegenwart von Jaspers und in extremer Form von Heidegger vertreten

Sören Kierkegaard, 1813—1855. Karl Jaspers (Professor in Heidelberg). Martin Heidegger, (Professor in Freiburg).

1. Unter schroffer Ablehnung Hegels entwickelt Kierkegaard eine »qualitative Dialektik« (im Gegensatz zur harmonistisch-quantitativen Hegels). Es gibt drei Lebensstufen, die ästhetische, die ethische und die religiöse. Ein Übergang ist nur durch »Sprung« möglich. Die höchste Stufe ist das religiöse Leben, das die Losreißung von den übrigen Lebensauffassungen fordert. Eine Harmonie dieser Stufen ist unmöglich.
2. Jaspers vertritt eine gemilderte Existenzphilosophie. Leben ist das Gegenüber des Menschen mit dem »unendlichen Paradox«. Die höchste Stufe existenziellen Lebens ist das Wissen um das Scheiternkönnen am Dasein.

   Werk: Philosophie, drei Bände. 1. Band: Philosophische Weltorientierung. 2. Band: Existenzerhaltung. 3. Band: Metaphysik.
3. Heidegger. Das Wesen des Daseins wird enthüllt als ständig »nichtendes Nichts«. An sich wäre es denkbar, daß die Welt ein Nichts wäre. Nur durch das Aufheben dieses Nichts besteht die Welt als eine Insel im Nichts.

   Werke: »Was ist Metaphysik.« — »Sein und Zeit«, 1927.

XIV. Gestaltpsychologie. Unter Ablehnung der Assoziations- und Elementenpsychologie des 19. Jahrhunderts entwickelt sich die Gestaltpsychologie, die von der „ganzheitlichen Struktur“ (Gestaltqualität) ausgeht

1. Vertreter sind Ehrenfels, Wolfgang Köhler, Koffka, Wertheimer, Gelb.
2. Die Gestalt, das Ganze, ist mehr als die Summe der Elemente der Sinneswahrnehmungen. Sie führt eine Eigengesetzlichkeit, die unabhängig ist von den Elementen. (Sie ist in diesen nur fundiert.)

3. Die »Tendenz zur guten Gestalt« besteht darin, daß unvollständige Inhalte durch die Wahrnehmung ergänzt, als sinnvolle Ganzheit gesehen werden.
4. Das Wesentliche der Gestalt sind nicht die absoluten Reizelemente, sondern deren Verhältnis zueinander. Eine Melodie wird z. B. auch in transponierter Tonart sofort wiedererkannt.
5. Mit dem Begriff der determinierenden Tendenz hat die Gestaltpsychologie außerordentlich auf die Pädagogik eingewirkt.

LITERATURVERZEICHNIS

I. Allgemeine Geschichte der Philosophie.

Überweg-Heinze, Grundriß der Geschichte der Philosophie, 5 Bde.

Karl Vorländer, Geschichte der Philosophie, 3 Bde.

J. E. Erdmann, Grundriß der Geschichte der Philosophie, 2 Bde.

Schwegler, Geschichte der Philosophie im Umriß.

II. Geschichte der alten Philosophie.

Eduard Zeller, Die Philosophie der Griechen.

Derselbe, Grundriß der Geschichte der griechischen Philosophie.

Wilhelm Windelband, Geschichte der antiken Philosophie.

Aster, Geschichte der antiken Philosophie.

Theodor Gomperz, Griechische Denker.

III. Geschichte der neueren Philosophie.

Kuno Fischer, Geschichte der neueren Philosophie, 10 Bde.

Wilhelm Windelband, Die Geschichte der neueren Philosophie in ihrem Zusammenhange mit der allgemeinen Kultur und den besonderen Wissenschaften.

Richard Falckenberg, Geschichte der neueren Philosophie.

Harald Höffding, Geschichte der neueren Philosophie, 2 Bde.

Moog, Philosophie des 20. Jahrhunderts.

REGISTER

FSC
www.fsc.org
MIX
Papier | Fördert gute Waldnutzung
FSC® C083411

Kolibri 360 GmbH
Ferdinand-Jühlke-Straße 7
99095 Erfurt, Deutschland
produktsicherheit@kolibri360.de